JN335440

シオマネキ
求愛とファイティング

村井 実 著

海游舎

PL1-1 自切しなかった雄のオリジナルのはさみ (a) と，自切した後で再生したはさみ (b)

PL1-2 穴の中から泥を出して穴を修復し (a), 出した泥の塊 (mud ball) を表面に置く (b)

PL1-3 穴に蓋をするために穴口の近くから取った泥を運び (a), 穴に下りるとき抱えていた泥で穴口に蓋をし (b), さらに穴に下り穴口を閉ざす (c)

PL1-4 採餌する雌ははさみで表面の砂泥をつまみ，口に入れ (a)，餌以外の砂泥はペレット（口から出ている丸いもの）としてまとめて口から出す (b)。はさみの前に転がっているのは口から出したペレットで (c)，時間が経つとたくさんのペレットが見られる（全部写真の雌が出した）(d)

PL1-5 体の左右第二歩脚と第三歩脚の間に吸水口がある。体の右側の吸水口を地面に押し付け吸水する雄 (a) と左側の吸水口で吸水する雄 (b)。大きいはさみ側と小さいはさみ側のどちらかの吸水口を使う。体の左側 (c) か右側 (d) の吸水口を地面に押し付け吸水する雌

PL1-6 体を前に傾け排水する雄 (a) と雌 (b)

PL1-7 ウエービングでは大きいはさみと小さいはさみ，小さいはさみ側の歩脚を上げる

vi

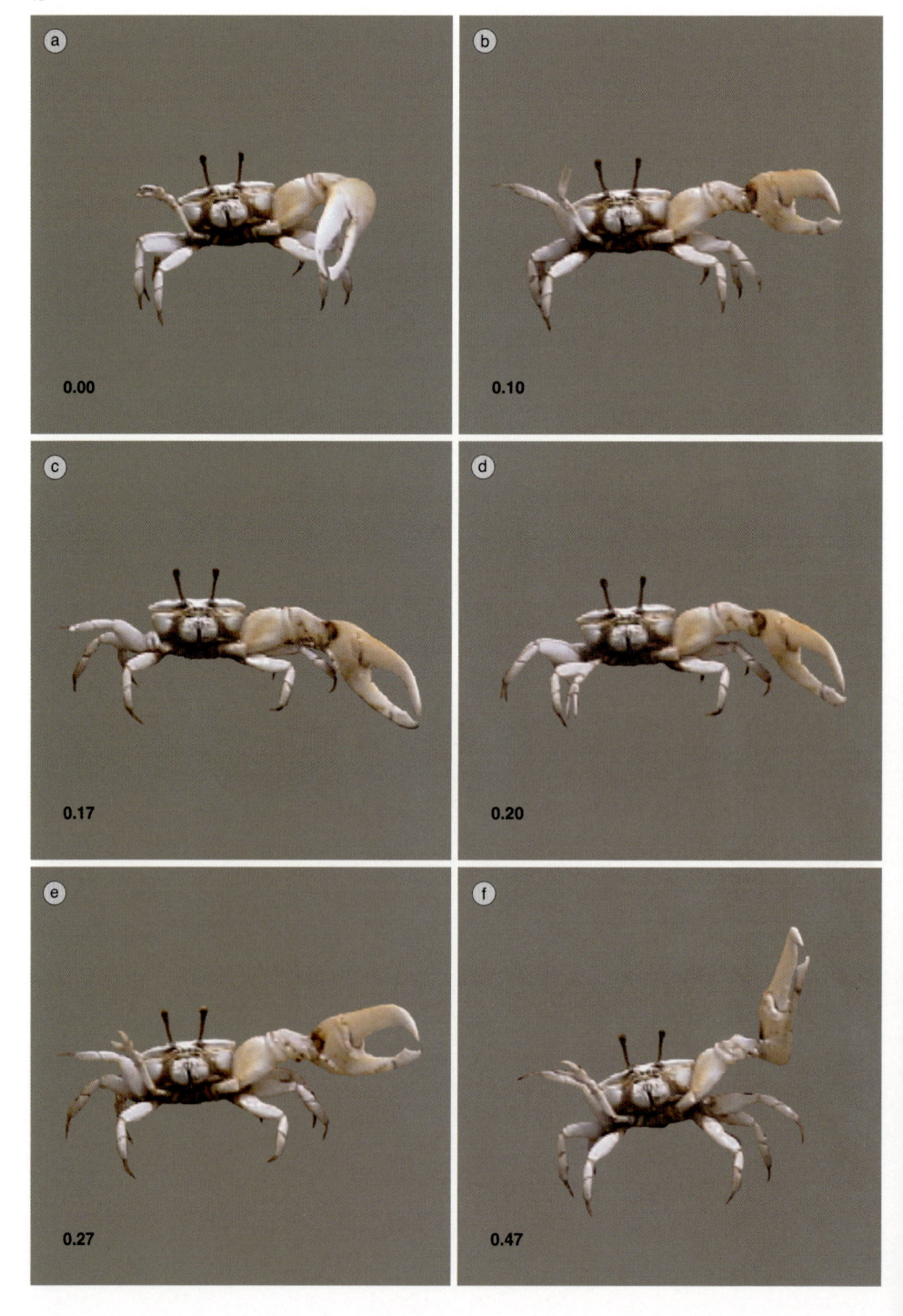

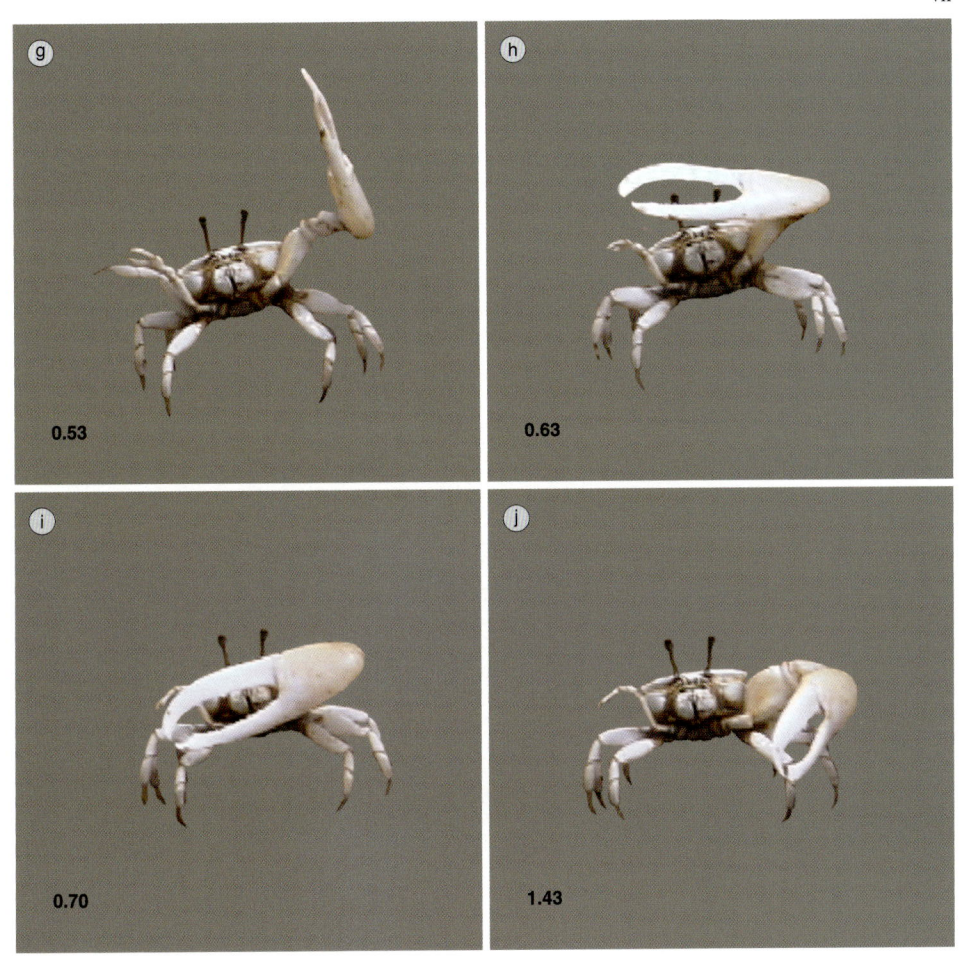

PL 2-1 遠くの雌を招くウエービング（t：スタート後の経過時間（秒））
(a) ウエービングがスタートしたときのはさみの位置（$t = 0.00$）
(b) はさみを開け，上げたはさみの位置（$t = 0.10$）
(c) はさみを下ろし，下ろしたはさみの位置（$t = 0.17$）
(d) はさみをここまで持ち上げる（$t = 0.20$）
(e) はさみを上げる，上げる途中（$t = 0.27$）のはさみの位置
(f) さらに上げる，上げる途中（$t = 0.47$）のはさみの位置
(g) はさみを閉じ始めるが，はさみ先端は最高の位置に達す（$t = 0.53$）。しかしここでは止めない
(h) はさみをさらに閉じながら下ろす，その途中（$t = 0.63$）のはさみの位置
(i) さらに下し，一番下まで下ろしたはさみの位置（$t = 0.70$）
(j) その後はさみを徐々に開け，スタート位置へ戻る（$t = 1.43$）

a

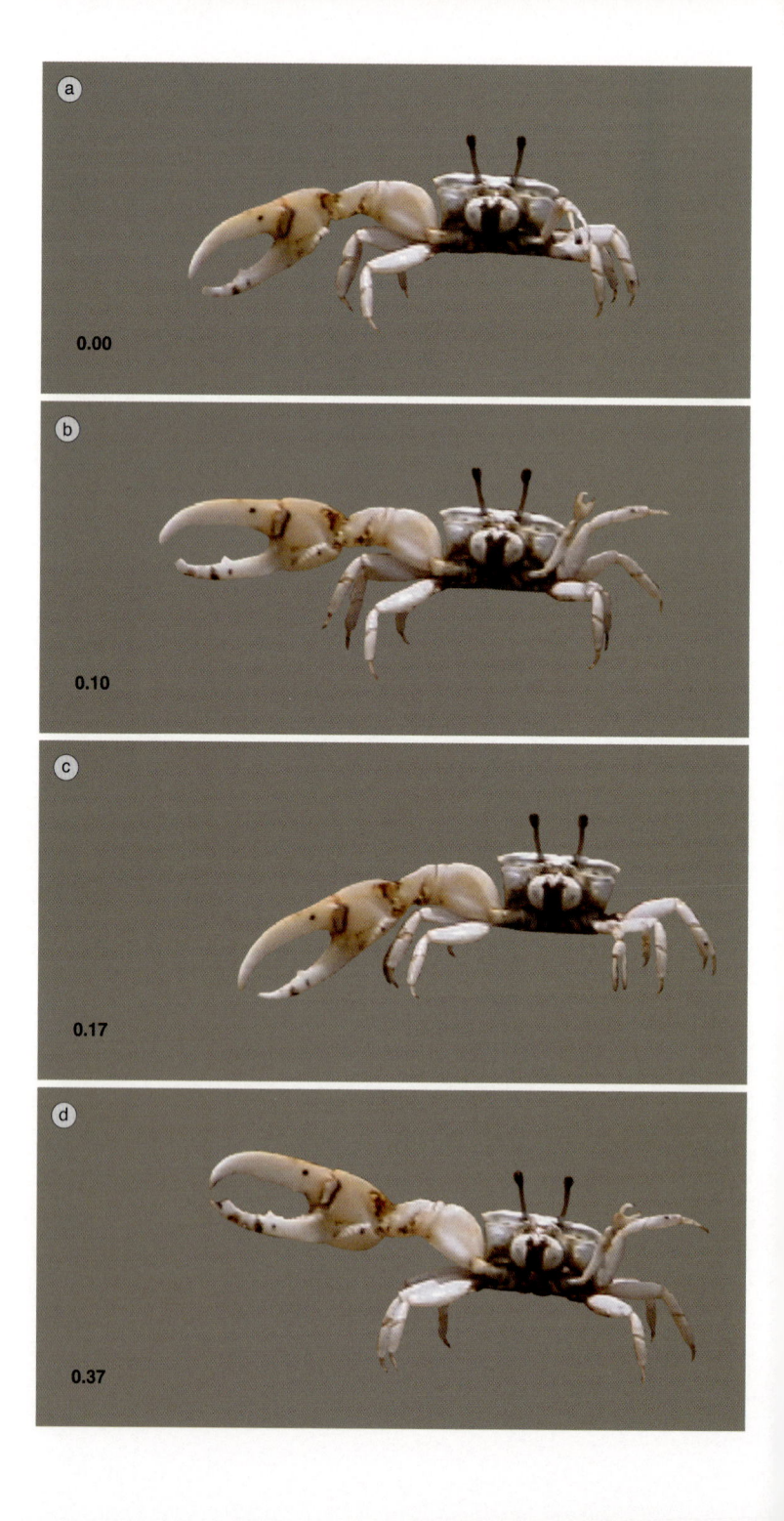

0.00

b

0.10

c

0.17

d

0.37

PL 2-2 雌が近くにきたとき行う求愛のウエービング（t：スタート後の経過時間（秒））
 (a) スタートのはさみの位置（$t = 0.00$）
 (b) ちょっとだけだが，はさみをここまで上げる（$t = 0.10$）
 (c) 下げてはさみは元の高さに戻る（$t = 0.17$）
 (d) 次にはさみをより高く上げるが，上げる途中（$t = 0.37$）のはさみの位置
 (e) 最高の高さに上げたときのはさみの位置（$t = 0.47$）
 (f) 下ろす途中（$t = 0.50$）のはさみの位置
 (g) 最低の高さに下ろしたはさみの位置（$t = 0.57$）
 (h) ちょっと上げてはさみはスタート位置に戻し（$t = 0.60$），その後，この位置で動きは約1秒止まる

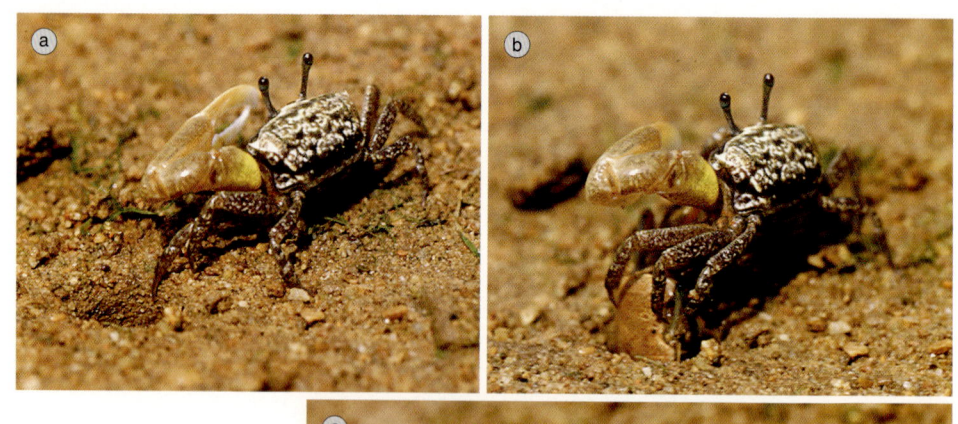

PL 2-3 表面交尾の始まりは雄が雌穴にきて，穴口（雌は穴の中にいる）を脚でタッピングする(a)と，雌が穴口に出てきて，雄は雌の甲らを脚で刺激し(b)，雄は腹部で雌の腹部を押し下げ，表面交尾が始まる(c)

PL 4-1 集団内の複数の雄が雌を囲みウエービングをする。矢印は雌，クラスターを線で囲んだ

PL 5-1 はさみを開け雄（写真右）を追い払う

PL 5-2 雄同士がはさみを向け合うが、このときまだはさみは接触していない。大きいはさみが違う側同士（a）と、同じ側同士（b）のはさみの向け合い

PL 5-3 奥の雄は自分の穴口にいて、相手雄に向けたはさみを接触させ、押し合いが始まる。右側のはさみが大きい雄同士（a）と、左側のはさみが大きい雄同士の押し合い（b）

PL5-4 右側のはさみの大きい定住雄と左が大きい放浪雄の戦いで，戦いが押し合いからエスカレートすると，つかみ合いに変わる (a)。左対左のつかみ合いの戦い (b)。右対右のつかみ合いの戦い (c)

PL5-5 はさみをぴったり地面に押し付けるflatと呼ばれる穴防衛行動で，雄は穴に下り，はさみだけを出し，相手雄が穴に侵入するのを防ぐ (a)。放浪雄がきて，flatをする雄の穴にはさみを入れようとする (b)

PL5-6 穴の中の雄がはさみで放浪雄の前節と腕節の間の関節を挟む

PL 5-7 相手雄から穴を奪う放浪雄の手法
 (a) 相手雄の穴にはさみを入れる
 (b) 何度かはさみ入れを繰り返すと，穴から持ち主の雄（写真の右）が出てきて穴を明け渡す（追い出したほうの雄のはさみに砂が着いている）
 (c) 相手雄の穴口でのタッピングを始める
 (d) 続いて穴にはさみを入れる
 (e) 放浪雄（写真右のはさみに砂が着いている）が穴の持ち主（写真左）を穴から追い出す
 (f) はさみ入れに対し，穴の中の雄ははさみを出して抵抗する

PL 5-8 相手雄の穴を掘る雄で，大きいはさみを上にして掘るが，最初は穴の浅い部分の壁を削るので体は見えても，だんだん深く穴に入り込み体が見えなくなる

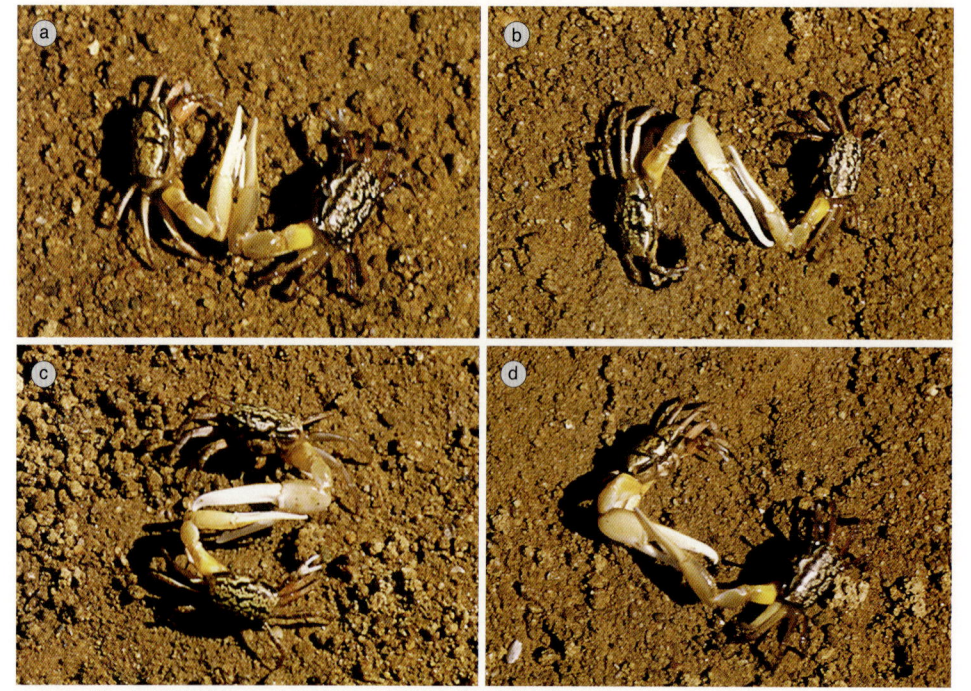

PL 5-9 戦いを上から見ると，大きいはさみを相手に向ける様子が分かりやすい
 (a) 大きいはさみが左と右の雄の戦いでは，接触中のはさみは体と平行になり，押し合う
 (b) 大きいはさみが同じ側にある雄同士でははさみを開けて押し合う
 (c) エスカレートしたときには，同じ側のはさみが大きい雄同士ははさみを開けた状態でつかみ合いに進む
 (d) 異なる側のはさみの大きい雄同士の戦いでは，つかみ合いに変わると，はさみを大きく開けないと挟み合えない

PL 5-10 定住雌と放浪雌の戦いはしばしば観察できる
   (a) 雌穴を奪いにきた放浪雌（写真右）は，相手の脚の上に脚をのせ，穴から追い出そうとしている
   (b) 穴の持ち主（写真の手前）の脚の上に体をのせ穴を奪おうとする放浪雌
   (c) 穴の持ち主雌（写真の手前）の体の上に脚をのせ穴を奪おうとする放浪雌

PL 5-11 はさみを持ち上げて戦う放浪雌（写真の右）と定住雌

PL 5-12 (a) 雌の穴を掘る放浪雌，(b) 放浪雌は相手の穴を掘り，追い出そうとしたが失敗。穴を守った雌（左）が表面に上がってきて放浪雌を追い払う

PL 8-1 繁殖雄が穴口の近くに作った砂泥の構築物。(a) *Uca terpsichores*，(b) オキナワハクセンシオマネキ（*U. perplexa*）

PL 9-1 穴のそばにコンタクトマイクを置き，手前のかごの中に雌を入れ，ひもを付けた球の蓋をし，雄がウエービングを始めたらひもを引いて蓋をはずし，中の雌を放す

PL 10-1 タイのKasetsart大学の実験林（マングローブ）内にあった歩道橋（walk way）

はじめに

　シオマネキは小型のカニで，最大雄の体のサイズは，最小種（*Uca batuenta*）は甲幅7.6mm，最大種（*U. tangeri*）は4.7cmで，雄の大きいはさみの長さは，前者は11.8mm，後者は10.9cmである（Crane 1975）。行動圏は小さいので，近くに座っていて行動の一部始終を観察でき，行動観察には非常に都合がよい動物である。トリやほ乳類の行動は，高等動物であるだけ面白いが，シオマネキに比べ行動圏はずっと大きく，複雑である。世界中のシオマネキは1属の動物グループであるので，トリやほ乳類に比べ研究論文ははるかに少ない。研究者が少ないとも言える。それはともかく，本書を読んで行動観察に都合のよい動物であることを知ってほしい。

　本書は大学や大学院でシオマネキの行動の研究をする人たちに理解してもらえるように書いた。同じスナガニ類で繁殖行動の類似したチゴガニ，コメツキガニ，ヤマトオサガニなどの研究にももちろん役立つと思う。といっても，行動や生態学は，分子生物学や生化学などと違い，一般の人に分かりやすい学問であるから，一般の人や高校生もきっと本書を理解できると思う。参考文献はシオマネキの行動研究をする人たちには役立つだろう。英語の学術語とラテン語の学名も出てくる。これで少し難しそうに見えるかもしれない。しかしあまり気にしないで読んでほしい。

　1匹のカニの行動圏は一望のもとにあるために，いろいろな観察が容易である。1日内なら，見失わないのでマーキングなしでできるし，近接双眼鏡を使えば，細かい行動も観察できる。集団全体でも，今日どの雄が繁殖の相手を獲得したか，何匹の雄が雌を獲得できたか，も簡単である。数ヶ月続けて同じ個体を観察するなら，簡単で便利なマーキング法がある。集団からの消失を防ぐには，実験に応じた長さと幅のケージを設置すればよい。脱皮するとマーキングはとれるが，繁殖サイズの個体の脱皮は年1回くらいで，実験中に脱皮した個体が少数いても，ちょっとサンプルサイズが少なくなるだ

けで問題にならない。

　いい点はまだいろいろあるが，研究材料としての欠点をあげると，幼生の期間は海で浮遊するので，定着した子はどの雌の子であるのか分からない。孵化するまで雌は卵を保護するが，孵化すると幼生になり飛散してしまうからである。カニはそれぞれの穴をもっているので，昼間活動中でも穴に入れば何をしているのか分からない。穴から出たときのカニの様子で，中で何をしていたか分かるときもある。たとえば，穴から出たとき泥を抱えていたら，中で穴掘りをしていたなど推測できる。潮をかぶっているときは，もっと分からない。でも，やりにくいことをさけて，行動学のテーマのなかで，シオマネキを使うと研究しやすいものを選べばよい。魅力的なテーマが見つかるはずである。

　本書の内容は，私の研究対象であるオキナワハクセンシオマネキ（*U. perplexa*）を中心にして書いた。沖縄島での研究である。本種とハクセンシオマネキ（*U. lactea*），*U. mjoebergi*，*U. annulipes* の4種は近縁種で，非常に類似した行動が見られる。日本にいるのはオキナワハクセンシオマネキとハクセンシオマネキの2種である。*U. annulipes* はマレー半島西岸からアフリカ東海岸まで広い範囲に，*U. mjoebergi* はオーストラリアとニューギニアの一部に生息する。南北アメリカのシオマネキは，パナマ地峡を挟む地域に多数の種が生息している。オキナワハクセンシオマネキのほかに，*U. mjoebergi* とアメリカの *U. pugilator*，*U. crenulata*，パナマの *U. terpsichores*，*U. beebei* など，オーストラリアの *U. vomeris* と沖縄島のヒメシオマネキ（*U. vocans*）の近縁2種，これらのシオマネキで行われた研究をいくつか紹介する。

　多くのシオマネキ類では，右側のはさみの大きい雄と左側のはさみの大きい雄は同数いるが，最後にあげた2種の雄は，左はさみの大きい雄は少数個体しかいないので，他の多くの種と違い，かわっている。シオマネキの種名には学名を使った。学名はラテン語，イタリックで表記し，はじめに属名（頭文字は大文字），次は種小名（小文字）で書く。リンネが創始した方式（二語名法）である。シオマネキの属名はすべて *Uca* であるから，「*U.*」のあとに種小名を書いたところもある。国内に生息する種には，日本名（和名）を書いた。必要な場合は学名も付け加えた。

謝　辞

　本書を執筆するに当たり多くの方々にお世話になった。松政正俊博士と逸見泰久博士にデータの提供で，沖縄県金武町役場の関係者の方々にはオキナワハクセンシオマネキの調査でお世話になった。これらの方々に深くお礼申し上げる。琉球大学では自分のやりたいテーマの研究をすること，自分の手でデータを取ることができた。当時の森田孟進学長に感謝したい。

　本書の出版を勧めていただいた桐谷圭治博士，原稿の校正で終始お世話になった海游舎の本間陽子さんに，あわせて厚くお礼申し上げる。オキナワハクセンシオマネキの研究は，琉球大学に勤務できたために行うことができた。琉球大学への転勤をしぶしぶではあったが同意してくれた妻早苗に感謝します。

　　2011年4月

村井　実

目　次

はじめに ……………………………………………………………… xvii

1章　シオマネキ類の生態と行動 ……………………………… 1
1-1　シオマネキについて …………………………………… 1
　　　（a）分　類 ……………………………………………… 1
　　　（b）形　態 ……………………………………………… 2
　　　（c）習　性 ……………………………………………… 3
　　　（d）食　性 ……………………………………………… 4
　　　（e）視　力 ……………………………………………… 5
1-2　シオマネキの社会行動 ………………………………… 6

2章　オキナワハクセンシオマネキの繁殖行動の概要 …… 9
2-1　つがい相手探索の開始 ………………………………… 9
2-2　雌を招くウエービング ………………………………… 10
2-3　求愛のウエービング …………………………………… 10
　　　（a）両ウエービングの比較 …………………………… 11
　　　（b）強いウエービングと弱いウエービング ………… 12
2-4　つがい形成 ……………………………………………… 12
　　　Box 2-1　地下交尾の観察をするには，どうすればできるか …… 13
　　　Box 2-2　他種のシオマネキのつがい形成 ………… 15
2-5　もう一つの交尾 ………………………………………… 16

3章　オキナワハクセンシオマネキの繁殖行動の研究 …… 18
3-1　求愛のウエービング：相手雌の成熟の程度に応じた調整 …… 18
　　　Box 3-1　行動の観察と実験の手引き ……………… 19
3-2　雌はどんな求愛ウエービングを好むか ……………… 20
　　　（a）ビデオによる求愛ウエービングの撮影 ………… 21
　　　（b）大きいはさみの動き ……………………………… 21
　　　Box 3-2　ビデオ画像による行動の分析の手引き …… 22
　　　（c）雌の好む求愛のウエービング …………………… 23
3-3　はさみを高く上げる雄は質の高い雄 ………………… 24

4 章　ウエービングによる別の雌選択とペア形成のできる雄　　28
- 4-1　ほかの選択要因　　28
- 4-2　最終的に求愛を受け入れられる雄とは　　32
  - Box 4-1　小潮で潮をかぶらない場所とかぶる場所　　35

5 章　敵対行動　　36

6 章　大きいはさみを動かす行動と保持しているだけの行動　　40
  - Box 6-1　ウエービングの別の機能　　43

7 章　トリによる捕食，捕食回避と捕食リスクについての情報の収集　　44
- 7-1　性選択とトリによる捕食　　44
- 7-2　捕食回避と捕食者情報の収集　　46
  - (a) 捕食回避　　46
  - (b) 捕食者情報の収集　　48

8 章　John Christy の感覚トラップ説　　52

9 章　シオマネキの発音と再生はさみ　　57
- 9-1　発　音　　57
- 9-2　再生はさみの雄　　59

10 章　おわりに　　61
- 10-1　なぜはさみが大きいのか　　61
- 10-2　シオマネキの保護にご協力を　　62
- 10-3　シオマネキの行動観察の実習　　63

引用文献　　65

索　引　　70

表紙写真

（表）はさみを持ち上げているオキナワハクセンシオマネキの雄。はさみの重さは体重の半分くらいで，戦いや求愛では重いはさみを振りまわす。（撮影　河野裕美）

（裏）潮が引いて根まで露出したマングローブのオヒルギ。ヒトのひじのように見える呼吸根がぽこぽこ地上に出ている。（撮影　村井実）

1章
シオマネキ類の生態と行動

1-1 シオマネキについて

　シオマネキは地球上の南北回帰線の間とその周辺におよそ100種，日本には9種生息している (Rosenberg 2001)。主な生息域は熱帯（南北回帰線の間）である。マングローブの前面に広がる開けた干潟に生息する，半陸上性のカニである。干潟は満潮と干潮が1日2回起こり（約2週間に1度，各1回のときがある），活動は干潮，多くの種は昼間の干潮に活動する。シオマネキはベントスと呼ばれる底生生物のグループで，そのなかで行動の発達した唯一の動物である。本節と次節では，シオマネキに特徴的な生物学について概説する。

（a）分　類
　シオマネキ類は甲殻綱十脚目短尾類に属する。属はシオマネキ属 (*Uca*) で1属である。しかし Crane (1975) は当時1属で60種以上含むので，本属を9亜属に分類した。最近では Crane が分類で使ったものと違った亜属名が使われたり，種の配置換えがなされたりしたが，彼女の分類が使われることが多い。シオマネキの世界の分布は，Crane の分類で，5亜属はインド・西太平洋に生息し，4亜属は新大陸と呼ばれる北アメリカと南アメリカの太平洋岸と大西洋岸に，1亜属は西アフリカの大西洋岸に生息している。全部で9亜属であるが，*Celuca* と呼ばれる亜属だけは，インド・西太平洋と新大陸の両方に分布している。しかし種ごとに見れば，どちらかの地域に分布している。系統樹を見ると，まず新大陸の *Uca* 亜属と西アフリカの *Afruca* 亜属が

分岐し，その後，新大陸の3亜属（*Boboruca*, *Celuca*, *Minuca*）とインド・太平洋の5亜属（*Deltuca*, *Australuca*, *Thalassuca*, *Celuca*, *Amphiuca*）が分かれた（Sturmbauer et al. 1996）。

(b) 形　態

雄は巨大化したはさみと小さいはさみを各1個もつ。大きいはさみは，ほかの体の部分と同じくらいかそれより重い種類もある。しかし重さによる比では，はさみサイズの種間変異が大きい。雌は小さいはさみを2本もつ。シオマネキは1対のはさみ脚と4対の歩脚をもつ。はさみ脚と歩脚は7節をもち，甲らに近いほうから，底節，基節，坐節，長節，腕節，前節，指節である（図1-1）。はさみの指節は可動指で，前節から出る筋肉によって屈伸する。

雄は捕食者に大きいはさみを捕えられ，または戦い相手の雄の大きいはさみで大きいはさみを挟まれるなどの強い刺激を受けたとき，大きいはさみを失う。基節（関節肢の第2肢節）と坐節（第3肢節）の間で切断（自切）する。大きいはさみを失うと，再生し，脱皮を重ねて元のサイズくらいになる（Yamaguchi 1973）。しかし同じ甲幅サイズの雄では，オリジナルのはさみと比べ，再生はさみの掌部（前節の内側）は短く，指節は長い（Backwell et al.

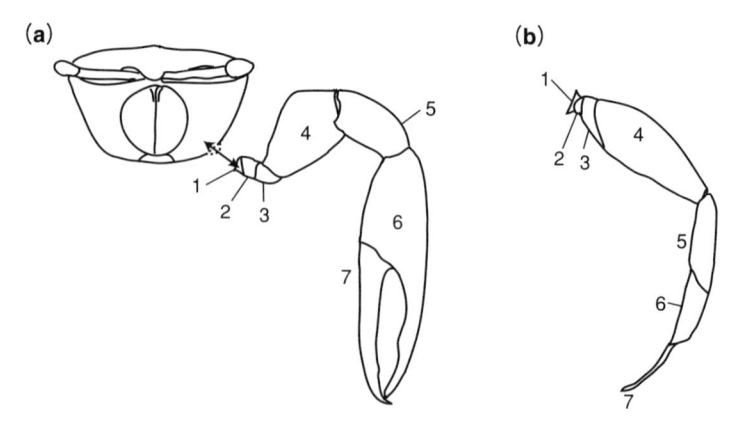

1: 底節　2: 基節　3: 坐節　4: 長節　5: 腕節　6: 前節　7: 指節
図 1-1　シオマネキのはさみ脚 (a) と左側第一歩脚 (b)

2000）(PL1-1)。

　両側のはさみの大きい雄をまれに見かける。次の URL
　　http://www.fiddlercrab.info/u_rapax.html
では，*Uca rapax* の両側のはさみの大きい雄の写真が見られる。

(c) 習 性

　シオマネキ類は潮間帯の砂や泥の干潟にいる。雌雄混じったコロニーで生活し，個々のシオマネキはそれぞれ穴にすんでいる（図1-2）。シオマネキの穴は汽水域の海底や河床の砂泥の堆積物（底質）に開けられた穴で，干潮になると底質が露出し，陸上になる。冠水中は穴に蓋をして中に潜み，干潟が露出すると，蓋を開け穴から出て個々の穴の周りで活動する。熱帯では，干潟表面の昼間の温度は高くなるが，穴の底の温度は表面より低く，穴に下りると体温が下がる。また捕食者や他個体の攻撃を避けるときや，水の補給のため穴に下りる。やがて穴から出て，通常の行動に戻る。

　シオマネキの穴の入り口は1匹がやっと通れるくらいの大きさである。穴に入ると，入口と同じくらいの太さのシャフトの部分があり，その先はちょっと太くなり，底のほうには，さらに広い空間がある。これは雄の場合で，雌の穴の底は雄のように広くない。しかしすべてのシオマネキがそうであるかは分からない。雄穴の底の空間は繁殖のときペアを収容するために広いと思われる。

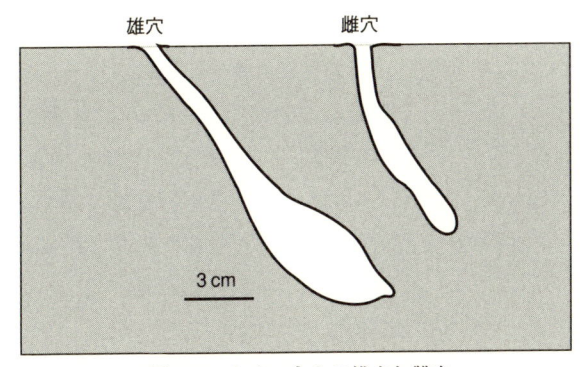

図1-2　シオマネキの雄穴と雌穴

入るときや出るときは1匹ずつ通る。雄穴，雌穴ともに入口が体ぴったりサイズであるのは，持ち主より大きい同種個体や捕食者の侵入を防ぐためである。繁殖期のハクセンシオマネキでは，雄穴の長さは13〜20cm，最も狭い部分の外周の長さは2.6〜3.6cm，最も広い部分の外周の長さは7.4〜11.1cmであった。雌では12〜20cm，2.5〜3.7cm，5.3〜9.5cmであった（平和樹・逸見泰久　未発表データ）。雄の穴には少し広い空間があったが，雄は大きいはさみをもつために，最も狭い部分が雌と異なることはなかった。

　穴底の泥を取り除き，空間を広げるため，シオマネキは泥の塊を抱えて穴から出てきて，穴の外に泥を持ち出す(PL1-2)。潮をかぶる時間が近づくと，表面での活動をやめ，穴に戻る。そのとき，近くの干潟表面の泥を片側の脚で抱え持ってきて，穴口にそれで蓋をしながら穴に入る(PL1-3)。その後穴内の泥を運び上げ，蓋を厚くする。シオマネキには昼行性の種が多い。

　体についたものを小さいはさみで取り除いている。オキナワハクセンシオマネキでは，繁殖期では清掃は潮の引いた後が多くて，干潮時間や干潮後には減少した。採餌も同じ傾向がある。ウエービングは逆に時間とともに活発になった(Matsumasa & Murai 2005)ので，雄は雌に出会う前に体をきれいにし，餌も十分取っておくのだろうか。

(d) 食　性

　干潟表面の微生物（原生動物，バクテリア，珪藻）などを砂や泥と一緒に小さいはさみ脚でつかんで口に運び(Reinsel & Rittschof 1995)，口の中で鰓から押し出されてきた水で洗い，軽い食物と重い砂粒に分ける。食物だけを食べ，砂や泥をペレットとして口からまとめて出す(PL1-4)。採餌に使うのは小さいはさみで，2本もつ雌の摂食スピードは，1本もつ雄よりも早い(Caravello & Cameron 1987)。しかし1日の必要摂食量は体サイズや性により異なるが，この関係は明らかでないので，はさみの数で摂食時間長がどう変わるか言うのは難しい。干潟の表面では食べる以外，体内への吸水(PL1-5)や体外への排水(PL1-6)を行う。吸水は穴の外の表面で行うか，穴の中で，おそらく穴の底まで下りて行う。排水は表面で行うが，穴口の近くで排

水したのち穴に下りることが多い。

（e）視　力

　シオマネキが表面で採餌しているとき，穴から最長 20 〜 30 cm 離れるだけで，穴へ一直線で戻る。穴から出て採餌場所へ直進するので，きた方向と逆の方向に向かうことで穴に正確に戻り，穴の近くにある目印，落ちた葉や表面の切れ目（そこに穴口がある）を見て穴に戻るのではない（Cannicci et al. 1999）。

　シオマネキは他個体に反応し，ときどき穴に戻る。シオマネキと同サイズのダミー（幅 2.25 cm，高さ 1.2 cm）を干潟表面で穴に向かって動かし，雄シオマネキ（*U. vomeris*）が防衛するために穴に戻るときの穴からダミーまでの距離を測った（Hemmi & Zeil 2003）。穴からダミーが 24 cm のときに雄が反応した。ダミーと雄の間の距離も測ったが，バラツキが大きくなった。雄と穴の距離，穴とダミーの間に雄がいたか，穴が雄とダミーの間にあったか，で雄の反応する距離が変わった。雄が反応した距離は最大 80 cm であった。このことから，同種の雄と同じくらいのサイズの物体を 80 cm の距離では見えると考えられた（Pope 2005）。

　シオマネキはどれくらい離れた距離の同種他個体が見えるのかは，見ている個体が行動を変えたときの相手との距離を測定することによってしか答えが得られないので，遠くのほうまで見えても，穴の周りの一定の範囲にこないとそれはシオマネキの反応を引き出せないこともあると言う点を考慮しなければならない（Pope 2005）。甲幅が 16 mm の *U. pugilator* 雄は，30 cm 離れた同種他個体に気づき，10 〜 15 cm の距離で雄か雌かを区別できた（Land & Layne 1995）。これは本種のシオマネキが見える距離の最低の距離である。シオマネキの目の解像度から推定すると，目の高さ 2.5 cm，甲幅が 10 mm のシオマネキは 10 mm の同種個体に 57 cm まで近づけば見え，2 cm の同種個体では 114 cm であると，Pope（2005）は J. Zeil の私信での推定値を紹介している。シオマネキの反応に基づいた値よりも遠い距離が見えるようである。

1-2　シオマネキの社会行動

　社会行動として，雌がつがい相手を探す行動と，雄のウエービングと呼ばれる繁殖行動が見られる。産卵が近づくと雌は穴から離れ，つがい相手を探す。ウエービングとは雄の大きいはさみを振る行動で，雄がウエービングでつがい相手を探す雌を招き，求愛する (PL1-7)。つがい相手を探している雌は，ウエービングに反応し，雄の穴でペアになる。穴に蓋をし，穴から表面に出て採餌することはない種類が多い。中で交尾（穴の中で行う交尾だから地下交尾という）をして，産卵まで雄は雌をガードする。産卵すると雄は穴から去り，ガードは解かれる。産卵後の抱卵雌が穴を閉じ，幼生を放出するまで中で過ごす。抱卵雌は表面に出て採餌しないが，採餌などの活動をする種もいる。

　インド・西太平洋の種類は2種を除き表面交尾（16ページ参照）だけで，雄穴で行う地下交尾をしないと言われていたが，どの種も地下交尾をするようである。産卵すると雄が穴から去る種が多いが，逆の種類もあり，産卵雌が立ち去る。立ち去ったシオマネキは他個体の穴を奪うか，あき穴を獲得する。

　ウエービングの形は，はさみを曲げたまま体の前で上下に動かすタイプ (vertical 型)，横にはさみを開けるタイプ (lateral 型)，はさみを頭上でかざすタイプ (overhead 型) におおよそ分けられる (Crane 1975)。vertical 型は *Deltuca*, *Australuca* 亜属，lateral 型は *Celuca*, *Minuca* 亜属，overhead 型は *Uca* 亜属の種で多い。

　シオマネキの交尾は雌の生殖口 (gonopore) に雄の生殖器 (gonopod) を浅く差し込んで行う。雌も雄も生殖器は1対ある。雌の生殖口に硬い蓋がされている種類では，蓋がとけてやわらかく（脱石灰化）ならないと交尾や産卵ができない。脱石灰化は地下交尾の直前に起こり，脱石灰化と地下交尾のピークは潮汐周期に一致する。産卵すると蓋は元どおり硬く（石灰化）なり，次の地下交尾直前に脱石灰化する。

　2週間ごとに繁殖サイクルを繰り返す。1サイクルは，満月または新月の前後のあわせた6～10日間で，この期間に交尾産卵する。交尾産卵は2週間ごとに繰り返す種類と最短で1か月ごとの種類があるが，個体による違い

```
        新月              満月              新月
   ___×××××●×××____×××××○×××____×××××●×××____
    ←――――――――→  ←――――――――→  ←――――――――→
```

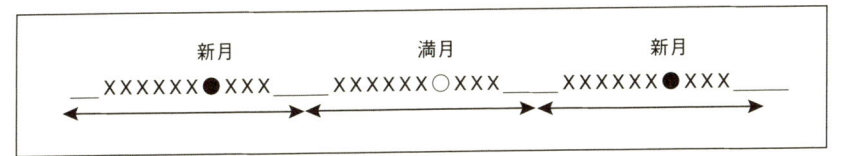

×は１日を示し，●は新月，○は満月の日を示す。これらの日には産卵交尾が起こるが，＿の日には起こらない（←―→：約２週間の繁殖サイクル）

図 1-3 繁殖サイクルと交尾産卵の期間

もある（図1-3）。シオマネキ雌は，産んだ卵を１個ずつ腹肢にくっ付けるので卵塊になる。たくさん産む種では卵塊が腹部からはみ出しているが，２週間ごとに産む種類では，１回で産む卵数が少ないので，腹部から卵塊がはみ出さない個体が多い。腹部を開けて見ないと抱卵雌かどうかが分からない。卵塊の小さい雌は，次の繁殖サイクルでも産むために，抱卵中も穴から出て表面で採餌するので，卵が腹部からはみ出さないほうが消失のリスクが少ない（たとえば *U. vomeris*）。腹部からはみ出すほどたくさんの卵を産む種類では，産卵後雄は穴を雌に与え，抱卵雌は穴の中にとどまり表面に出てこないので，卵の脱落のリスクが少ない。抱卵中は採餌しないので，次の繁殖サイクルでは産卵しない（たとえば，オキナワハクセンシオマネキ）。

孵化した幼生は海で浮遊生活をする。幼生放出は，幼生が海に迅速に運ばれる潮の条件と，捕食のリスクの少ない時間帯（大潮の日の夜の引き潮）に一致して起こるため（Morgan & Christy 1995），幼生放出のタイミングと卵期間［２週間。しかし温度と種により異なる（Yamaguchi 2001）］によって，つがい形成の起こるピークのタイミングが決まってくる。

他個体との戦いや威嚇の社会行動は，穴の防衛やテリトリー内への侵入個体に対し罰を与えるときに見られる。放浪中の雄を目で追うと，別の雄の穴にやってきてけんかを始めることが多い。穴を失った雄がほかの雄から穴を奪おうと戦いを始める。穴のサイズ（穴口の直径，穴の太さ，深さ）は持ち主のサイズによって変わるので，奪おうとする雄は大きすぎず，小さすぎない穴を狙い，けんかはサイズの似た者同士のことが多い。持主が穴を守るか，侵入者が穴を奪うかどちらかの結果になり，勝敗がはっきりしている。雄同士の場合ははさみで押し合い，はさみをからませ，けんかをする。雌同士で

は，持主が穴からちょっと離れたすきに，その穴にダシュし，奪う。また体を持ち上げて並び，体や脚で押し合う。近くに巣穴をもっている2個体が，テリトリー内への侵入でけんかをすることもよくある。けんかが終われば元の穴に引き返すので，どちらが勝者でどちらが敗者かはっきりしない。穴の取り替えが起こることもたまにある。

2章
オキナワハクセンシオマネキの繁殖行動の概要

　オキナワハクセンシオマネキ（*U. perplexa*）は西太平洋に広く分布し，西はスマトラ島から東はパプア・ニューギニア，サモア，北は沖縄島から南はオーストラリアの北東岸まで分布する（Crane 1975）。雄は最大甲幅 19.5 mm，はさみの長さ 37.5 mm，雌は最大甲幅 16.0 mm（Crane 1975）。生息場所は砂泥質から泥の混じった砂質の底質である。おもに内湾の海岸や河口の岸に見られる。別種のハクセンシオマネキ（*U. lactea*）は繁殖期になると白化し，「白扇潮招」となるが，オキナワハクセンシオマネキはそんなに白くはならない。

　卵から孵化した幼生は海で浮遊生活をする。ゾエア幼生からメガローパに変態し，干潟に定着して幼カニになる。甲幅が 5 mm くらいに成長したときには，雄の一方のはさみが他の側よりも少し大きい。雌雄ともに甲幅 9 mm になると繁殖を始める。それは定着した翌年の繁殖期の後半ごろである。定着した年を 1 年目とすると，3 年目までは繁殖するが，4 年目にはどうか分からない。4 年目になる前に寿命になるかもしれない。

2-1　つがい相手探索の開始

　産卵間近の穴から離れた放浪雌が，集団内の雄の間を歩き，つがい相手の雄を探す。雌は，近くに穴をもつ雄や穴を探している放浪雄に追い出され穴を失い，放浪を始める。雌のなかには簡単に穴を失う雌と抵抗する雌がいて，産卵間近の雌は簡単に穴から離れるが，そうでない雌は抵抗し，穴を守る。また雌は自発的に放浪を始めることもある。別種の *U. terpsichores*，*U. beebei*

などでは，産卵日が近くなれば多くの雌は自発的に放浪を始める。探索中の雌は好ましい雄に出会うまで何匹もの雄にアプローチする。しかし戻ってきて同じ雄にアプローチすることはない。*U. beebei* では捕食されるリスクが高いとき，雌は放浪を始めることができない。捕食者はトリのオナガクロムクドリモドキ（*Quiscalus mexicanus*）で，周辺にトリの好むドッグフードをまいた捕食リスクの高い区と，吹き矢で脅しトリを寄せつけない区を作り，各区のつがい相手を探す放浪雌の数をカウントしたところ，前者の放浪雌数は有意に少なくなった。捕食のリスクを実験的に高めると，放浪しないで，雌の穴の出入口で行う表面交尾（16 ページ参照）が増えた（Koga et al. 1998）。

　放浪を始めた後，採餌し，潮が上げてくる前に空き穴に入る雌もいる。オキナワハクセンシオマネキではそのような雌は卵巣未成熟で，近日中に産卵予定がない雌がほとんどであった。空き穴に入った放浪雌の 10％ はその穴で 5 日以内に産卵したが（小ケージをかぶせて移動をできないようにした），ケージがなければ，繁殖相手を探すために再度放浪をしたかもしれない。

2-2　雌を招くウエービング

　雌を招くウエービング（background waving）は，周囲に雌のいないときや遠くの雌に対し行われる行動である。常時行っているように見えるのはこのウエービングで，昔の人はこれを見て「潮を招く」と表現したのだろう。科学者は情報を伝えるという意味でこのウエービングを broadcasting とよくいう。トリならさえずりに該当するだろう。まず閉じたはさみを開き，上に上げ，はさみを閉じながら下ろし，はさみはスタートの位置に戻る。その後はさみを開いて，同じ動作を何度も繰り返す。正面からウエービング中の雄を見ると，はさみの先端は長楕円の軌跡を描くので，軌跡は lateral circular と呼ばれる（PL2-1）。雄は位置と同種であるという情報を雌に与えると考えられる。しかし同種であるという情報は，はさみの色彩パターンで伝えている可能性が高い。

2-3　求愛のウエービング

　放浪雌が近づくと，雄は求愛のウエービング（courtship waving）を行う

(雄穴から雌までの平均距離は 23 cm)。上方に上げて，はさみを開けたままで下ろし，また上げ，開けたまま下ろす上下運動を繰り返す (PL2-2)。同時に脚を伸ばし，体も上下に動かす。はさみ脚を開けて行うウエービングが，雌の動きが止まると，上げたはさみを閉じるウエービング (lateral circular) に変わり，雌が動き始めると，元のパターンに戻る。雌が穴から 9 cm のところにくると，雄はウエービングをやめ穴に下りる。

　求愛中のウエービングは，雄の質の情報を雌に与えるとともに，雌と雄の行動が同期するように調整する行動である。雄は穴から 50 cm くらい離れて探索中の雌に急接近することがある。求愛のウエービングを始めると，少し穴の方向に戻り，そこでウエービングを続け，雌が穴のほうに動くと，また雄は戻るということを繰り返しながら，穴口に雌を導くこともある。この方法だと，穴口までまだ距離のある雌を自分の穴の方向に導けるので有利である。求愛行動が活発な時期になると，雄は，近くでほかの複数の雄が近づいた 1 雌にウエービングしているとき，他の雄とともにウエービングをする。

(a) 両ウエービングの比較

　雌を招くウエービングと求愛のウエービングでは，はさみを上げる高さは変わらない。しかし横方向のはさみの動きは，求愛のときより雌を招くウエービングのときのほうが大きい。ある場所から見て体が小さいと雄は遠くて，大きいと近いので，見える大きさの違いで距離の推定ができるだろう。つまり雄の位置を雌が推定できる。はさみの動きを使うと，動きは大きいので，体のサイズよりも雄の位置の測定を正確に行うことができる。雌が雄の目の前にいるときは，横方向の動きはずっと少ない。シオマネキ類で，左右に行ったりきたりを繰り返しながらウエービングする種類もいるので，この場合の横方向の動きも同じ意味があると考えられる。頭や目を水平方向に動かすと，遠くに見える物より近くの物が，頭や目を水平方向に動かすことによる位置の移動が大きい。遠くにあるものは，目や頭を動かしても同じ位置に見える。これは運動視差によって起こる (Bradbury & Vehrencamp 1998)。したがって雌が遠い場合，雄は横方向の動きを利用して雌にシグナルを送る。

　本種のウエービングのスタイルは，空間的だけでなく，時間的にも異なる。

雌を招くウエービングでは，はさみを雄の体（甲ら）より高く上げている時間は求愛のときより長い。はさみが雌の目より上にある時間が長ければ，雄の位置の情報を雌に与えるのに好都合である。目の水平線（目線）より上に突き出た物体は遠くてもよく見えるという（Land & Laine 1995, Zeil & Al-Mutairi 1996）。

　潮が引き，穴から出た雄はしばらくの間採餌するが，その後雌を招くウエービングが見られる。遠くで雄を探索中の放浪雌がいると，雌はこのウエービングに反応すると考えられる。遠くにいるので特定の放浪雌に対し行っていないが，雌を見つけると特定の雌に行う。近くを放浪雌が頻繁に通るときには，もっぱら求愛のウエービングに集中し，雌を招くウエービングを行わなくなり，放浪雌が通らなくなると，逆に雌を招くウエービングに集中する。ウエービングの対象になる雌は放浪雌である。固有の穴をもつ定住雌は，放浪雌が近くにきて雄がウエービングしてもそれに反応しない。

　両ウエービングを以下の URL で見ることができる。

　　http://web.mac.com/murai777/iWeb/murai/Home.html

（b）強いウエービングと弱いウエービング

　これまでは，ウエービングの時間当たり回数（rate）の違いから，強い（激しい）ウエービングと弱いウエービングに分けられていた。弱いほうが雌を招くウエービングで，強いほうは求愛ウエービングであると von Hagen (1962) が述べている。求愛のウエービングをしているとき，雌の動きが鈍くなったり採餌を始めたりすると，雄は求愛から雌を招くウエービングに切り替える。これは乗り気でない雌をせき立てるように見える行動で，雌が動き出すと元のウエービングに戻る。強さの同じウエービングであっても，目的が違う場合がある。本種では，rate の違いにウエービングのスタイルの差が関係すると思われる（PL2-1 と PL2-2 参照）。

2-4　つがい形成

　求愛ウエービングしているとき，雌が反応しそうなら，雌が穴口から約 9 cm 離れた位置にいるとき（Nakasone & Murai 1998），雄ははさみを閉じて

(ウエービング終了）穴に入る。雄は先に穴に入ると，雌は（1）そのまま立ち去るか，（2）穴口まで行って，穴口にちょっとだけとどまるか穴に入り，その後やはり立ち去るか，（3）立ち去らないで穴にとどまり，ペアになる。まず穴口まで行くかどうかを雌は判断し，穴口まで行った雌はペア形成へ進むかどうかを判断する。雌も続いて入るのを，雄は穴の中で待つ。雌が穴に入って出てこなければペア形成で，つがいができる。雄が先に穴に入り，雌が続く（male first）。

雄がウエービングをやめ，穴に入ると思ったら，体半分くらい入り，慌ただしく出てくる場合がある。穴から見て雌の位置と反対側に行って，穴から平均 14 cm 離れ（Nakasone & Murai 1998），ウエービングを再開する。そしてだんだんウエービングをしなくなり，静止する。この間に雌は穴口にくる場合と立ち去る場合がある。穴口にきて，穴に入り，体が外から見えなくなるまで入ると，雄はさっと穴口にきて，体半分くらい入れる。雄がさっとき

Box 2-1　地下交尾の観察をするには，どうすればできるか

　繁殖期に雄を捕まえ，コバルト 60 を照射して精子を不妊化する。その雄を元の穴に戻し，つがい相手を探している雌を捕まえて，その雄穴に入れる。次に別の雄を捕まえ，コバルト 60 を照射しないで元の穴に戻し，つがい相手を探している雌を入れる。雄が穴を閉じると，穴のある場所に目印を付けてしばらく待つ。交尾産卵後 2 週間で幼生を放出するので，そのちょっと前に雌を捕獲する。受精していると発生が進み，卵には眼点ができるので，受精卵と分かる。

　照射雄とペアにした雌の卵の大部分は不妊化卵で，眼点ができてなくて，正常な雄とペアにした雌の卵は大部分眼点が見られるなら，前者の雌はペアにした雄と交尾したことが証明できる。雌の受精のう，つまり精子を貯蔵する器官に交尾で得た精子を貯蔵し，産卵のときに受精に使われる。雌を捕獲したときに以前の交尾で得た精子の残りが受精のうに残っていると，後で交尾した精子が優先的に受精に使われるが，残っていた精子も受精に使われる。照射雄とペアにした雌の産んだ卵の一部に眼点があるのはそのためである。詳しくは Koga et al. (1993) を参照されたい。

たとき，雌はさっと穴から出る場合もある．雌が出ないと，雄はしばらく穴口にいて，やがて穴に入り，つがいになる．雌が先に穴に入り，次に雄が入る (female first)．

どちらの方法でも，雄は穴口に上がってきて，しばらくとどまった後入り，これを 2，3 回繰り返し，穴口を泥でふさぐ．穴内で交尾（地下交尾）が行われる．

雄が先に穴に入った場合，穴の中で雌が入ってくるのを待っている．雌は入ってこないで立ち去ったとき，雄は地上に上がってくる．そのときまだ雌が穴口の近くにいると，するりと穴口から離れ，大きいはさみを上にかかげて，穴口の方向にダッシュする．そうすると雌はその穴に入る場合がある．ダッシュした雄は穴口にくると，そこでじっとしている．雌が穴に入ったとき，ペアが成立する．多くの場合雌は穴に入らないが，まれに成功する．この行動を dash-out-back と呼ぶ．

ハクセンシオマネキは，つがい成立後 4 時間以内で 76 ％が交尾することが調べられている (Yamaguchi 1998)．また同じスナガニ類の，シオマネキに繁殖行動の類似したコメツキガニ (*Scopimera globosa*) を使って穴の中で交尾することを示した (Koga et al. 1993)．オキナワハクセンシオマネキも，つがい成立後間もなく交尾し，おそらく何度か交尾をした後，1～5 日後産卵する．産卵すると，潮がひき，地面が露出した直後，穴から雄が出てきてその穴から立ち去る．その後，抱卵雌が穴口にきて，そばの泥を脚でかき取り，穴に蓋をし，幼生を放出するまで，穴の中で過ごす．

最短ではペアになった翌日に産卵したが，最長では産卵まで 5 日かかった．5 日間穴の中で過ごし，この期間表面に出て採餌の機会がない（雄も雌もこの点は同じであるが，雄の場合は雌の産卵後採餌できるが，抱卵雌はさらに 2 週間表面に出ない）．しかし，雌は雄による長いガードを受け入れ，産卵する．採餌は表面でのみ行われる．

ペア形成は満月，新月の 6 日前から 3 日後までの 10 日間で起こる．早い時期にペアになると産卵までの日数が長く（後述），したがってガード期間が長くなる．ペアになった直後に，雄を取り除くと，雌はすぐ穴口に出てきて穴を閉じ，その後穴から出て活動することなく，受精卵を産んだ．雄を取り

Box 2-2　他種のシオマネキのつがい形成

　雄穴内で起こる地下交尾では，ハクセンシオマネキやオキナワハクセンシオマネキで見られない別の様式も知られている。オーストラリアの *U. vomeris* は，放浪雌が近づくと，雄は穴に雌を誘引するために雌の進行方向を変えようとする（herding）(Salmon 1984)。雄はダッシュやジグザグの動きで右や左から交互に雌に接近し，穴に雌を追い込もうとし，雌はこの間あちこちへ動いて雄を避け，雄は穴のふちまで雌を駆り立てる。たまに雌が雄から脱出できないなら，雄は最後には雌の体に触れ，雄に押されて雌は穴に入り，すぐに雄も入り，ペアが成立する(Crane 1975)。数匹の雄が同時に1匹の雌をherdingすることも多い。この行動はパナマの *U. deichmanni* でも知られ，雄は近づいてきた雌に接近し，大きいはさみと体の間に雌を包み込み，雌を雄穴へ方向づけるか，雌を雄穴に運び込む(Zucker 1983)。この論文ではこのようにしてペアになる行動を，herdingと呼ばずdirectingと呼んだ。*U. vomeris* の論文ではherdingが図示されている(Salmon 1984)。しかしペアにはならなかったと記されているが，近縁の沖縄のヒメシオマネキ(*U. vocans*)では，同じ方法のペア形成は頻繁に起こることが報告されている(Nakasone et al. 1983)。

　パナマの *U. stenodactylus* の雄はあらゆる方向へ向かって，穴口から離れ，すぐ穴口に戻るすばやい動きを示す。大きいはさみを高くかかげ放射状に動く。この動きは近くで繁殖相手を探す放浪雌を驚かせ，ディスプレイ中の雄に彼女のいる場所を示す結果になる。雄は雌の邪魔をして，穴へ誘引するために雌の進行方向を変え，最後に捕まえて穴に運ぶ(Christy et al. 2003a)。

　マレー半島の *U. paradussumieri* の交尾は，定住雄が近くの雌穴に入り込んで起こる。雄が入り込もうとしても，翌日産卵しない雌は，激しく抵抗し，雄を追い出した(Koga et al. 1999, Murai et al. 2002)。雄は雌穴に入り込む数日前から，1日に何度もその雌に近づき，脚で雌の甲を刺激しながら情報（産卵予定日）を収集しているように見えた。雌を丹念に調べ，調べにきたほかの雄をしばしば追い返した雄が，産卵予定の前日，潮の引いた直後に1番乗りできた。ほかの雄が後できても追い返した。穴は開いていて，中の雄は出入りしていたが，潮をかぶる前に閉めた。1日後に雌は産卵し，雄は潮が引くと同時に穴から出て，あらかじめ近くの調べてあった別の雌の穴に入り込んだ。

除いたので，その雄と交尾することはない。別の雄がこの穴に侵入しなかったので，これは放浪前に表面交尾（後述）で得た精子が受精に用いられたか，前回の産卵で使い残した精子が雌の受精のうの中にあってそれが使われたのかもしれない。受精のうの中には，複数個の卵塊が受精できるだけの十分な精子が保存されていると思われる。

2-5　もう一つの交尾

　地下交尾は雄穴内で行うが，干潟の表面でも交尾（表面交尾）する（PL 2-3）。雌雄の穴間距離が57 cm以内のときで（Nakasone & Murai 1998），雄が雌の穴口にきて，片側の歩脚を穴に入れ穴壁を脚でたたくと，しばらくして雌が出てくる。出てきた雌の甲らを雄は歩脚で刺激した後，表面交尾を始める。雄は，表面にいる雌に近づき，同様に歩脚で刺激した後，表面交尾を始めることもある。雌は産卵の直前でないと地下交尾を受け入れないが，表面交尾ならばそれと関係なく受け入れる。繁殖様式の似たコメツキガニで調べたように，産卵の直前に得た精子は受精に用いられるが（Koga et al. 1993），産卵直前でない表面交尾で得た精子は受精のうで蓄えられていて，受精のときに優先的に用いられない。コメツキガニでは，産卵直前に得た精子が約90％の卵と受精した（Koga et al. 1993）。*U. mjoebergi*などのシオマネキ類では，マイクロサテライトマーカーを使い父性を調べることができることが分かった（Kinnear et al. 2009）ので，今後シオマネキでも父性の研究は進むだろう。産卵直前に地下交尾をしない，放浪に出ない雌は，自分の穴で産卵する。雌は表面交尾をときどき拒否するが，雌による雄の選択があるかどうか分からない。

　表面交尾では雌は繁殖相手を探すために穴を捨て放浪することがないので，捕食のリスクも少ない。地下交尾では，雌の放浪時間が長ければ長いほど，捕食のリスクは積算され大きくなるから，雌は捕食のリスクの高いとき放浪をやめる可能性が高い。放浪のコストが好ましい雄を選択することによる放浪の利点を上回るためである。リスクの低いときと比べ表面交尾が増えた（Koga et al. 1998）が，放浪雌が少なくなると雄は表面交尾に変えるためと考えられる。表面交尾は父性が不確実で，雄にとっては不利な交尾である。

2-5 もう一つの交尾

雌にとって，捕食のリスクが低いとき，雄を選択する利点が放浪のコストを上回るので放浪し，地下交尾をする。

同性の個体間で明瞭に交尾行動が違うことがある。雄がなわばりを作るか，なわばりに潜むかして，雌を獲得する。あるいは，鳴き声で雌を誘引するか，他雄の鳴き声で誘引された雌を横取りするか，主な方法と違う方法が代替交尾である。シオマネキ類では雄の成長とともに表面交尾から地下交尾へと，主な交尾の方法が変わる。雄にとって表面交尾は次善の交尾様式である。雌にとって環境条件の変化（捕食リスクの増加）で表面交尾が増えるなら，雄と雌の間で交尾様式が変わる条件が異なる。

ハクセンシオマネキの場合，捕食圧は低いかもしれない。雄が定住雌を追い出すため，本種では放浪が起こる（Murai et al. 1987）。ハクセンシオマネキの雌の生殖口には蓋ができない。表面交尾はいつも可能で，地下交尾の雌も，雌穴で産卵する雌も，その前に表面交尾をしたと考えられる。追い出され放浪し，雄穴で地下交尾をして産卵しても，元の雌穴で産卵するのと卵期間や孵化数に変わりがない（逸見泰久・森川太郎　未発表データ）が，ハクセンシオマネキでは，放浪で好ましい雄を選択することによる利点は，捕食圧が低いため捕食のリスクによるコストを通常上回るだろう。もしそうなら，雌は穴を守らないで穴を捨て，繁殖相手を探す放浪に出る。逆の場合には，雌は穴を守り，雌穴で産卵するだろう。

3章
オキナワハクセンシオマネキの繁殖行動の研究

3-1 求愛のウエービング：相手雌の成熟の程度に応じた調整

　求愛では，雄は雌を刺激してペア形成に進まなければならない。そのため雌の反応に応じた，シグナルを調整するメカニズムがありそうである。以下に Murai & Backwell (2005) の研究を紹介する。1匹の雌に対する求愛ウエービングは6秒以内であるが，相手雌の卵巣の発達程度によりウエービング時間の違いが起こった。ペアになってから産卵まで3～5日，2日，1日必要な雌に分けると，日数が短い，すなわち卵巣成熟が比較的進んだ雌に対して，ウエービング時間が短くなった。平均時間は3.5秒から1秒まで短縮した。

　ペア形成が起こる期間は約10日間と述べたが，2週間ごとにこのサイクルが繰り返され，約4か月続く。1サイクル10日間の最初のころにペアになった雌は産卵まで長い日数が必要であった（約5日）が，終わりになるほど短縮した（1日）。したがって最初のころにペアになった雄は，終わりごろにペアになった雄よりも，より長い時間雌が産卵するまで待つ。すなわち雌をガードする日数が長い。雄は最初のころにペアになると産卵まで長いので不利ではあるが，1サイクルにペア形成に至る雌はすべての雌の半分以下で，雄に対する交尾可能な雌の比率は1/2以下であることを考えると，ペアになる機会があればペアになったほうが有利である。ガード日数が短くてすむサイクルの後のほうでは，ペアになる雌がいなくなる。そのため1匹の雄は1サイクルにせいぜい1回しかペア形成できない。

　産卵までの日数の長い雌ほど，ペアになるために必要なウエービング時間が長くなる。産卵まで日数の長い雌は，長くウエービングをする雄を好むの

ではなく，雌の穴口にくる反応を引き出すには長いウエービングが必要であった。産卵までの日数の同じ雌が穴口にきたときとパスしたとき（2-4 節参照）のウエービング時間を比べると，きたときのほうのウエービング時間が有意に長くならなかっただけでなく，むしろパスしたほうが長くなった。雌が穴にこなかったので長くウエービングしただけである。

> ### Box 3-1　行動の観察と実験の手引き
>
> 　つがい相手を探している放浪雌を見つけ，雌を目で追う。雌が 1 匹の雄にアプローチして求愛のウエービングを始めたらストップウオッチを押し，雄がウエービングをやめ穴に入ったら再度ストップウオッチを押してウエービングの継続時間を 1/100 秒の精度で計る。雄がウエービングを中断しないで行い，雌が穴口にきたときは，その時間をデータとして使う。途中でウエービングを中断したときや，穴口にこないでパスしたときは（2-4 節参照），その時間をデータとして使わないで，目による追跡を続け，別の雄で同様にウエービングの継続時間を計る。うまく計れたら，その雄の穴口近くに，持っていた吹矢にあらかじめ入れた短い矢を息を込めて吹き飛ばし，穴口近くにマークする。目による雌の追跡をさらに続けるが，マークしたのは後でこの雄の体のサイズを測るためである。
>
> 　追跡はこの雌が雄穴に入ってペア形成をするまで続ける。目による追跡だけでは雌を見失うので，驚かさないよう静かに雌の後を付ける。1 時間くらい追跡を続けることもあるが，ついに雄の穴に入り，雌が出てこないで，ペア形成したら，小さいドーム型の網かご（網はカニが抜け出さない程度のメッシュ）を逆さにして穴の上にかぶせ，かごを地面にくいで固定する。数日後雌が産卵すると雄が穴から出るので，網かごはこの雄を捕まえるためである。
>
> 　うまく雄を捕まえたなら，体サイズを測り放つ。次に雌を捕まえ，産卵したかどうかを確かめ，雌も体サイズを測った後，抱卵のためその穴に雌を戻し，観察者が穴を閉じる。ペアになった日から産卵までに要した日数を求める。この雌を雄が穴内でガードしていた日数である。産卵までの日数（またはガードの日数）は 1〜5 日であった。雌が未成熟なほど長い。追跡しているとあき穴に入って出てこないときは，追跡をやめ，取ったデータを破棄した。1 時間以上追跡してもまだペア形成しないときも同様である。

雌を追跡中雄の穴にきたり，パスしたりする回数を合計し，パスした割合を出すと，その割合が高いほど雌が雄を選択する基準が高いと言えるが，しかし産卵までの日数の長い雌ほど，雄を選択するときの基準が高いこともなかった。

また1サイクル10日の間には干潮の潮位が変化し，よく潮が引く日ほど雄の行動が活発になるため，雌がきたときに雄がウエービングを始めてから，穴に入って終わるまでのウエービング時間が変わることもなかった。

雌の卵巣の発達程度に応じて，求愛行動の時間の長さを調整していると考えられる。産卵後雄は穴から去るが，雌は抱卵期間中（2週間弱）閉じた穴の中にいる。雌は採餌しないで卵の世話をする長い期間を過ごすので，産卵するまで比較的長い（この間も採餌しないで，雄の産卵前ガードを受ける）雌がペア形成に進むには，雄が長いウエービングで雌を刺激することが必要なのだろう。「雄はペアになることに熱心な性で，雌はしぶしぶ応じる」(Parker 1979) というのが動物では一般的であるが，雄の穴口に雌を誘引するときも同じである。

求愛の主要な特徴は，雌雄がそれぞれいくつかのシグナルを一連のシグナルとして送ることである (Bradbrury & Vehrencamp 1998)。よく知られているイトヨ (*Gasterosteus aculeatus*) の配偶行動では，雄のシグナルはその直前に出すパートナーのシグナルでリリースされ，その雄のシグナルがパートナーの次の反応を誘起する (Tinbergen 1951)。そのために雌雄がペア形成に至る。雄が出すシグナルの時間的長さは重要で，時間長が足りなければ，次のパートナーの反応が起こらない。特にモチベーションの低い雌に対し，雄はシグナルを長く送り，雌がつがい形成に進むよう刺激する。雄のシグナルはそのようにデザインされている。

3-2 雌はどんな求愛ウエービングを好むか

ウエービングする雄に雌が接近すると，雌は雄が先に入った穴の口まで行くか，行かずにパスして立ち去るかのどちらかである。穴口まで行くかどうかを，雌は雄のウエービングを見て判断する。穴口まで行った雌は穴の中で起こるペア形成へ進むかどうかを選択するが，その前に穴口へ行くか行かな

いか，雌はどのようにして決めるのかについて述べる（Murai & Backwell 2006）。ウエービングの何らかの形質を雌が選択すると考え，まずウエービングをビデオで撮影して，立ち去る雌と穴口にきた雌に対し，雄の求愛ウエービングを比較して確かめることにした。

(a) ビデオによる求愛ウエービングの撮影

20×レンズのビデオカメラを使用し，1/1000秒のシャッタースピードで撮影した。できるだけローアングルでの撮影が望ましいので，カメラから被写体までの距離を約1.5m離し，高さ20cmの3脚にカメラを装着した。雄を探索中の雌を見つけ，その動く方向をある程度予測して，カメラを移動しながら，レンズを，ウエービングを始めた雄に向けてその正面から撮影した。カニの目の高さ（地面から約2cm）での撮影が望ましいが，それは穴を掘ると可能であるが現実的ではない。パンのためにヘッドが必要なのと，固定しないと後の分析が難しくなるので，三脚を使用して撮影した。ウエービング開始から雄が穴に入るまでの間，雄と雌を撮影した。雄が穴に入った後，雌が穴口にくるか，パスするかも記録した。ウエービング時間は比較的短く，平均時間3.5秒以内であった。雄や雌の自然な行動を妨げないように注意し撮影した。撮影した雄の甲幅の実際の長さを撮影直後に測った。

(b) 大きいはさみの動き

求愛中ははさみを常に開けている。1ウエーブは2つのパートAとBから成り立ち，各パートははさみを上げる，止める，下ろすことで完了する。パートAはPL2-2 (a) - (c) で，パートBは (c) に続き，(h) で終わる。上げ，下げにかかる時間はBのほうが長く，止めている時間はどちらも同じくらいだが，上げる高さはBのほうが高い（高さは2～3倍）。PL2-2では，パートAの上げる高さを (b) で，パートBの上げる高さを (e) で示した。Aが終わったわずか後（約1/10秒後）からBが始まる。Bが終わり，次にAが始まるまでの時間間隔は約1秒で，AとBの間隔よりもずっと長い。Bの動作はAよりゆっくりで大きい。ウエーブが5回続くウエービングはAB-AB-AB-AB-ABと表せる。ABが1ウエーブである。Bが続けて省略されるとき

Box 3-2　ビデオ画像による行動の分析の手引き

　フレームごとに，時間・分・秒・フレーム (1/30秒) を示すタイムコードが打ち込まれるので，それを使ってはさみを上げる，止める，下げる時間を測定した。上げ始め，止めていた最初と最後の時間，下ろし終わった時間をタイムコードで読み取り，上げるのに要する時間，止めている時間，下ろすのに要した時間，AとBの時間間隔，ウエーブと次のウエーブの時間間隔を計算した。

　高さは，大きいはさみ先端を最も高く上げたときのフレームの静止画で測定した。はさみの先端の高さ，大きいはさみ側の甲ら前側部にある突起の高さ，および甲らの幅も測定した。ビデオ画像をパソコンに取り込み，静止画をJPEGで書き出し，Photoshopのファイルにペーストしたうえで，パレットの直線ツールを使用し，左右の第1歩脚の先端を直線で結び（基準線），基準線を水平になるように直した後，それに対しはさみの先端と突起から垂線を下ろし，Photoshopの物差しを使って垂線の長さを求めた。またそのときに，甲らの幅も同じ物差しで測った（図3-1）。そのうえで，高さを甲らの幅で割算し，相対的なはさみの高さと突起の高さを求めた。撮影した雄の甲幅の実際の長さを撮影直後に測っているので，画像で求めた相対的高さに実際の甲幅を掛ければ，実際の高さを推定できる。

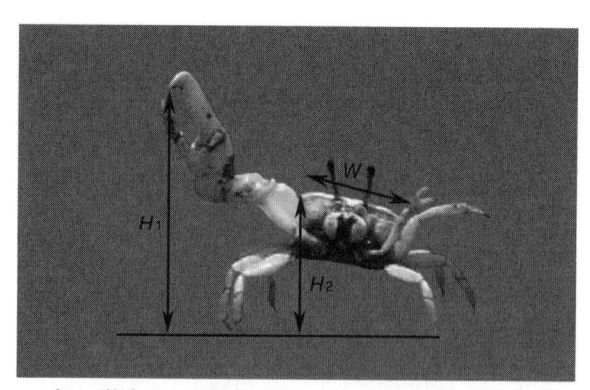

図3-1　ビデオ静止画上で測定した大きいはさみ先端 (H_1) と甲らの高さ (H_2)，甲幅 (W) を示す。図の下部の水平線は左右前脚の先端を結んだ線で，高さを測定するときの基準線

がある。そのときは，たとえばA-A-A-A-Aとなり，Aが続くときの間隔は，ABが続くときよりも短縮される。Jocelyn CraneはAが続くときをcurtsy（膝を曲げるおじぎ）と呼んだ（Crane 1975）。雄ははさみを開けているが，Aでははさみ先端の高さは地面よりちょっと高いだけだから（PL2-2 b），彼女は，はさみを振ることを省略すると言った。はさみを高く上げるBが省略されるから，Aが続けば高く上げることはない。なぜBが省略されるのか分からないので，ABウエーブのときの分析をBox 3-2に紹介した。

（c）雌の好む求愛のウエービング

雌のアプローチでウエービングを始めた雄はウエービングをやめて穴に入ると，その後，雌は穴口に着いてちょっととどまるか，穴口を避けて立ち去るかのどちらかを選択した（ペアになったケースは含まれていない）。とどまる（雄を選択した）雌と避けた（非選択）雌に対するウエービングは，パートBではっきりした違いが認められた。選択された雄の上げたはさみ先端の相対的高さは，選択されなかった雄より有意に高く，甲らの突起についても同様であった（図3-2）。パートBではさみを上げるのに要する時間も，選

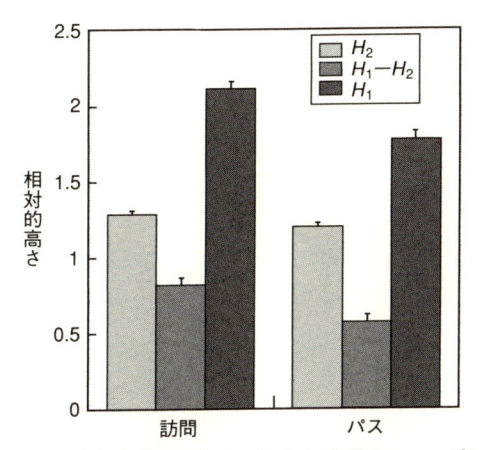

図3-2 雌が穴にきた（訪問）雄と雌がこなかった（パス）雄のウエービングで上げたはさみ先端の高さ（H_1），甲らの高さ（H_2）と甲らからはさみ先端までの高さ（$H_1 - H_2$）の比較。高さはすべて甲幅に対する相対的高さである

択された雄では選択されなかった雄よりも有意に長かった。選択された雄のはさみ先端の高さまで上げる前に，非選択雄ははさみを下ろしてしまったのではないかと考えられる。それは非選択雄がはさみを上げるのに使った時間が短いことから分かる。脚を伸ばして甲らを高く持ち上げれば，はさみ先端も高くなるが，はさみ先端の高さから突起の高さを差し引いた値を両方のグループの雄で比較すると，選択されたほうが有意に大きい結果となった。選択された雄は甲らをより高く持ち上げ，はさみもより高く持ち上げることによって，はさみ先端が高くなったことは明白である。

体の成長で甲幅と大きいはさみの長さが大きくなり，実際のはさみ先端の高さは高くなる。同じサイズの雄で比べると，実際の高さは選択された雄のほうが有意に高い。選択された雄と非選択雄を捕獲し，甲幅や大きいはさみの長さを比べると，差はなかった。サイズが大きいと実際のはさみ先端の高さは高くなるが，そのような雄を雌は選択するのではなく，雌は高さが雄の体サイズに対して相対的に高いかどうかで決めている。

またサイズの大きい雄は，はさみも大きいから，小さい雄と比べて上に上げる時間がかかる，ということもなかった。また選択された雄は体サイズに対して相対的にはさみが大きいなら，相対的高さも非選択雄より高くなるかもしれないが，そのような傾向もなかった。

3-3　はさみを高く上げる雄は質の高い雄

はさみを高く上げる雄を雌は好むことが分かった。そのような雄はどのような雄だろうか。これを知るために，大きいはさみの前節（不動指）に金属のおもりを付けてウエービングがどう変わるか調べた。金属は 75 mg で，体のサイズがほぼ同じ（甲幅 15 mm）雄を選んだ。別の調査で，甲幅が 15 mm の雄のはさみの重さは体全体の重さの 59 %（平均）であったが，自然での最大値は 66 %であったので，その程度になるようにおもりの重さを決めた。10日間の繁殖サイクルのはじめのころに 1 雄を選び個体識別し，前に述べた方法で，2～3日間求愛のウエービングをビデオで撮影した。その後金属を付けて，2～3日間同じようにウエービングを撮影した（図 3-3）。繁殖サイクルのはじめのころに，別の 1 雄を選び，個体識別し，その後，軽いプラスチ

3-3 はさみを高く上げる雄は質の高い雄　　　　　　　　　　　　　　　　25

図 3-3 前節に金属を装着しウエービングをする雄（矢印は金属を示す）

ック片を付けた。金属の場合と同じように，プラスチックを付ける前と後のウエービングを撮影した。撮影したウエービングをコマごとにチェックし，前と同じようにモニター上ではさみの高さと甲幅を測定し，相対的高さの平均値を個体別に求めた。金属やプラスチックを付ける前，高く上げる雄や低い雄がいたが，雄内の高さの変異は少なかった。

　プラスチックを付けた雄では，上げる高さは付ける前後で変わらなかった（図 3-4）。金属を付ける前に高く上げた雄は，付けた後，金属の雄はプラスチックの雄と同じくらい高く上げた。付ける前に低く上げた雄は，付けた後，金属の雄はプラスチックの雄より低く上げた。つまり金属の雄は，付ける前にはさみを上げた高さにより，付けた後の高さは同じか，低くなった。金属のおもりを付けても，付ける前と同じくらいに上げることのできる雄とできない雄がいることが分かった。プラスチックや金属を付ける前に高く上げた雄は質の高い雄，低く上げた雄は質の低い雄と見ると，質の高い雄は金属を付けても変わりなく高く上げ，質の低い雄は付けると低くなったので，そのように見ることができる。質の高い雄は重い金属を上げるコストを払うことができたが，質の低い雄はコストを払うことができなかった。高く上げるのはコストの大きい行動だから，雄の質の高さを判断することができる頼りになる行動である。したがって雌は好んでこのような雄を選択するのだろう。

　Zahabi (1975) のハンディキャップ仮説をテストすることができた (Murai

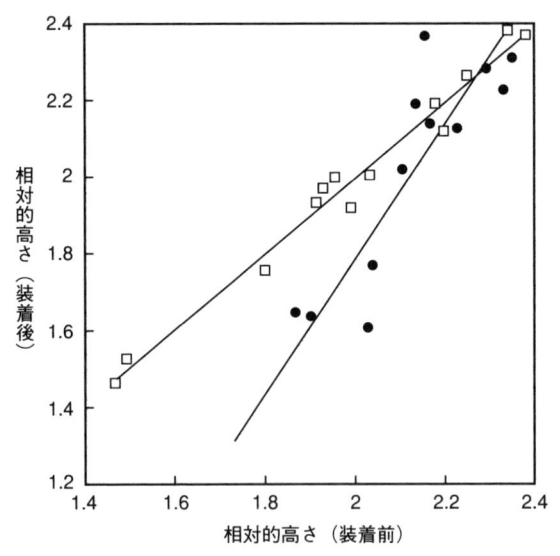

図 3-4 金属（●）とプラスチック（□）装着前後のウエービングにおけるはさみ先端の相対的高さ

et al. 2009)（図 3-4）。コストの高いシグナルで，シグナルのコストが質の低いシグナル個体より質の高いシグナル個体にとって低い場合，シグナルは質についての信頼できる情報を与える（Zahabi 1975, Grafen 1990）[ハンディキャップ説]。シグナルのコストは送るコストと，シグナルを送った結果として報復を受けるコスト（リスク）である。Getty (2006) はシグナルのコストは生存率，利益は産卵数とし，質の高い個体は低い個体より適応度（生存率×産卵数）の最大値は大きく，シグナルの最適サイズは大きいというグラフを描いている。ただし，私たちの実験では，雄の生存率を調べていない。はさみの高さは雌に有利な雄の質を示すシグナルであると仮定していて，はさみの高さが雄の質をシグナルするハンディキャプであるかどうか，この点についてのテストをしていない。

　ハンディキャップ説の検証を試みた論文はこれまで 2 報発表されていた (Kotiaho 2001)。一つ目は雄のツバメ（*Hirundo rustica*）の尾の長さを操作した実験である（Møller & de Lope 1994）。尾を切り短くした雄，切った部分を別の雄の尾に継ぎ足し人為的に長くした雄とコントロール雄（尾を切って，

切った部分をつないだ雄と，尾を切らなかった雄）を実験に使った。雌は尾を長くした雄と好んでつがいになった。尾を長くすると，雄の生存率は低くなった。このことは長い尾はコストの高い形質であることを示している。尾を長くした雄では，継ぎ足す前にもともと長かった雄はもともと短かった雄よりも長く生存することが分かった。したがって尾を長くしたときに，低いコストですむ雄と高いコストを払う雄があることがわかった。自然の質の高い雄は長い尾をもち高いコストを払うが，質の低い雄の尾は短くてコストを低く抑制していることが分かった。

　他の一つは *Hygrolycosa rubrofasciata*（コモリグモ科）での実験である（Kotiaho 2000）。本種は枯れた葉を腹部で叩き（drumming），その音で雌を求愛する。雌は頻繁にドラミングする雄と好んで交尾した。クモに与える餌量を多くして頻繁にドラミングする雄（良いコンディションの雄）と，餌を少なくしたドラミングの少ない雄（悪いコンディションの雄），中間の餌量の雄を使い実験した。雌と一緒にすると，餌を多く与えた雄は盛んにドラミングしたが，餌量の少ない雄はドラミングが最も少なく，盛んにドラミングをした雄はドラミングの少ない雄よりも生存率が低下した。つまりコンディションの良い雄は盛んにドラミングをし，雌を獲得したが，早く死亡した。ドラミングは適応度コストの高い行動で，コンディションの良い雄はドラミングができたが，悪い雄はできなかった。

　ウエービングは目立つ求愛行動である。オーストラリアのコウロコフウチョウ（Frith & Beehler 1998）や，イトヨ（Tinbergen 1951），インドクジャク（Petrie et al. 1991），アルバートコトドリ（Lill 1979）の求愛も大変目立つ。シオマネキの研究から，目立つ求愛行動は雌選択で起こった形質であることが分かった。シオマネキの場合，目立つのは，はさみの大きさと高く上げる大きい動作である。シオマネキの雄は求愛行動を調整するときも，ウエービング時間で行い，はさみを上げるのを抑制して少し低めに押さえるということをしなかった。雌はそうする雄を選択しないからである。大きいはさみの有利な点はまずは闘争と関係があるだろうが，繁殖上の有利な点もあると考えられる。大きいはさみの進化についてはまだ分からないことが多い。このことについては最後に再度触れる（61ページ）。

4章
ウエービングによる別の雌選択とペア形成のできる雄

4-1　ほかの選択要因

　雌がくると近くの雄が雌を囲んでウエービングを始める（PL4-1）。クラスターと呼ぶ数匹の雄の輪ができ，真ん中に目当ての雌がいて，複数の雄がその雌を取り囲む。通常，雄は個別にウエービングするが，繁殖期で求愛行動が活発なときは，複数雄が1匹の雌に対し同時に求愛行動をする。雌がゆっくり移動するので，ウエービングのクラスターから一部の雄が抜け，別の雄が加わる。したがって雌の移動に伴い異なる雄からなる別のクラスターができる。アプローチした雌に対してできたクラスター内の1匹の雄に雌が近づき始めると，その雄は雌がペアになりそうなら穴に入る。雌がその雄の穴口にちょっととどまった場合の雄のウエービングと，その雄とともにクラスターを構成し求愛していたが，雌が立ち寄らなかった複数雄のウエービングを比較した。同じクラスター内の1雄と複数雄の比較である。3-2節で雄の比較をしたが，比較した雄の属すクラスターは異なり，違う雌にできた違うクラスターの雄のウエービングの比較で，雄が穴に入り雌が穴口にちょっととどまったときの雄と，雄が穴に入ったが雌は穴口にこなかったときの雄のウエービングの比較であった。

　オキナワハクセンシオマネキでビデオを使い，輪状に並んでウエービング中の雄と真ん中の雌を撮影した。そして打たれたタイムコードを使い，大きいはさみを上げ始めた時間，上げるのをやめた時間，下ろし始めと終わった時間をウエーブごとに読み取った。選択された雄は選択されなかった雄と比べ，ウエービングしているとき，クラスター内のほかの雄よりもわずかに早

4-1 ほかの選択要因

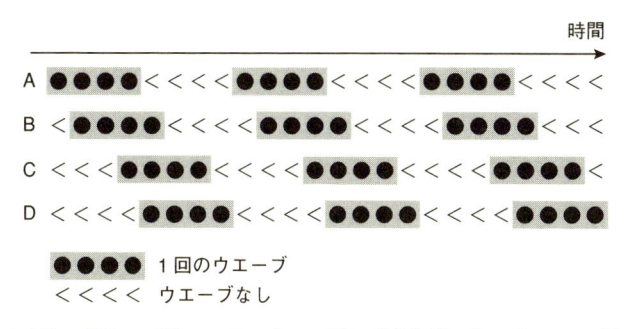

```
                                                          時間
A  ●●●●＜＜＜＜●●●●＜＜＜＜●●●●＜＜＜＜
B  ＜＜●●●●＜＜＜＜●●●●＜＜＜＜●●●●＜＜
C  ＜＜＜●●●●＜＜＜＜●●●●＜＜＜＜●●●●＜
D  ＜＜＜＜●●●●＜＜＜＜●●●●＜＜＜＜●●●●

      ●●●● 1回のウエーブ
      ＜＜＜＜ ウエーブなし
```

A vs B : 1/8 × 360 = 45° → Aのウエービングが先行，オーバーラップする
A vs C : 3/8 × 360 = 135° → Cが遅れてウエービング，オーバーラップが少ない
A vs D : 4/8 × 360 = 180° → Aがしない間にDがウエービング。交代で行う

図 4-1 ウエービングにおけるオーバーラップの程度。A, B, C, Dは雄4個体を示す。数字は同調の程度を示す（本文参照）

くウエーブを出す先行ウエーブ（leading wave）数が多いことが分かった（Backwell et al. 2006）。それは先行効果による。別の考え方としては，先行したシグナルが後発のシグナルを目立たなくする（Gerhardt & Huber 2002）ということも考えられるが，カニの視覚シグナルでは後者の可能性は少ない（Backwell et al. 2006）。先行するシグナルはわずかに先行しているだけで，後発の雄のシグナルとオーバーラップしているならば，複数雄のウエービングが同調（synchronous）しているように見える。同調の程度を示す0°と360°は完全同調していて，複数雄が同時に毎回ウエービングを出す。同じ長さのシグナルが交互に送られた場合は180°となる。オキナワハクセンシオマネキの同調の程度を示す指数は平均36.3°であった（図4-1，表4-1）。

2匹の雄が5cm離れていて，一方の雄が他方より1.8秒ウエービングを先行した場合，雌はどちらの雄を選ぶか調べた実験結果が最近報告された（Booksmythe et al. 2008）。ウエーブの長さと1分当たりの回数は2匹の雄で同じである。実際の雄を使ってこのような操作実験をするのは難しいので，これは *U. mjoebergi* の雄ロボットを使った実験である。この2台のロボットから等距離で20cm離れた場所に生きた雌を置き，キャップをかぶせ，慣れたころ遠隔操作でキャップを除き，中の雌を放した。雌はウエービングを先行する雄ロボットを選ぶ傾向があった（有意）。上の観察結果と同じ結果に

表 4-1 求愛雄が出すウエービングの同調の程度と,訪問された雄とされなかった雄のウエービングの違い(SD:標準偏差)と 3 種の比較

	雄の区別	*U. annulipes* 平均 ± SD	*U. saltitanta* 平均 ± SD	*U. perplexa*[*] 平均 ± SD
同調の指数 (°)	クラスター中の全雄	4.4 ± 19.45	16.74 ± 41.72	36.30 ± 71.32
他の雄より先に出したウエーブの数	訪問された雄 クラスター内の他の雄	4.5 ± 3.5 3.2 ± 3.3 $P < 0.02$	2.12 ± 1.34 2.09 ± 1.57 NS	2.22 ± 1.44 1.59 ± 1.39 $P < 0.001$
オーバラップしないウエーブを出した数	訪問された雄 クラスター内の他の雄	0.97 ± 1.00 0.37 ± 0.78 $P < 0.001$	3.34 ± 1.62 2.34 ± 1.65 $P < 0.001$	4.16 ± 3.39 1.72 ± 1.92 $P < 0.001$
ウエーブと次のウエーブとの時間間隔 (秒)	訪問された雄 クラスター内の他の雄	0.94 ± 0.24 1.47 ± 0.67 $P < 0.001$	1.06 ± 0.56 1.16 ± 0.59 $P = 0.03$	0.86 ± 0.87 1.20 ± 1.49 $P < 0.001$
文献		Backwell et al. (1998a, 1999)	Backwell et al. (2006)	

P が 0.05 未満のときは有意,NS は非有意(有意差なし)。
* オキナワハクセンシオマネキ。

なった。

　雌はウエービングが同調している雄からなるクラスターを好むため,それに参加するすべての雄が潜在的に利益を受けると考えると,ウエービングの同調は雄の共同作業であると言える。それによって遠くまでシグナルが届き,雌を効果的に誘引することができるかもしれない。しかしそうではなかった。Reaney et al. (2008b) のロボットを使った実験はそのことを示している。2 匹の雄 (A と B) からなるグループ雄が同調したウエービングを行ったとする。すぐ近くに別の 2 雄 (C と D) のグループがあって,C のウエービングが D のそれに少し先行する(しかしオーバラップする)とする。そのような場合,雌はどちらのグループの雄を好むかを調べた結果,雌は同調したウエービングを行う雄グループにアプローチする傾向があるとか,片方の雄が少し先行してウエービングするグループ雄にアプローチする傾向があるとか,どちら

4-1 ほかの選択要因　　31

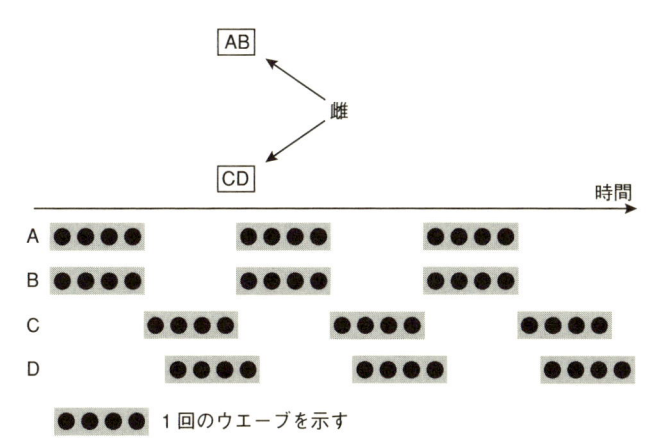

図 4-2 それぞれ 2 雄からなる 2 グループの配置と雌を放す位置（上図），4 雄のウエービングの同調の程度（下図）

とも言うことができなかった。この結果から，同調している雄からなるクラスターを雌が好んでそのような雄にアプローチすることはないことが分かった（図 4-2）。

　先行してウエービングする雄に雌はアプローチする傾向が強いことが分かったが，アプローチのコストが高ければ，ウエービングが先行する雄であっても雌は選ばないことも分かっている。先の場合と同様に，雄ロボットを 2 カ所において，どちらに雌がアプローチするかを調べた（Booksmythe et al. 2008）。雌から等距離だと，すでに明らかなように先行する雄に雌はアプローチしたが，先行する雄を，遅れてウエービングする雄より遠くに置くと，たとえば 10 cm 遠くに置いても（遅れてウエービングする雄と雌間の距離は 20 cm），遅れてウエービングする雄のほうを選ぶ傾向があった。またどちらも雌から 50 cm 離れたところに置くと，同じ程度にアプローチした。これから明らかなように，雌は先行する雄であってもアプローチのコストを考慮して選ぶと考えられる。ロボットの実験は，ウエービングをコントロールできることと，観察者の希望どおりに雄を配置できる点で，難しい操作実験を容易にした。映像を使った実験よりも扱い勝手が良いと思う。

　生きた雌雄を使ったオキナワハクセンシオマネキの実験に戻る。対戦中オ

ーバーラップしないウエーブの数に雄間で変異があり，雌は少ないほうを選択した。また1ウエーブの時間長は同じで，ウエーブと次のウエーブの間隔の短い雄を選択した。これらの比較は，選択された1匹の雄とされなかった複数の近隣雄の平均値との間で行った比較で，複数の非選択雄のなかの1匹の雄と比較すれば結果は異なる。たとえば，先行ウエーブ数では，選択された雄のそれは，同じクラスター内の選択されなかった雄のなかで一番多い雄と比べて，多かったが，有意差はなかった。しかし *U. mjoebergi* 雄ロボットを2台使った実験の結果から明らかになったように，雌からの距離や方向が自然の状態ではクラスター内の雄間で等しくないので，有意差が出なかった可能性が高い。また同時に言えることは，雌は先行ウエーブ数だけでなく，別の選択形質も使って雄を選択するかどうかを決定していると思われる。同調の程度の指数（29ページ参照）が分かっている別の種類は *U. annulipes* で 4.4°，*U. saltitanta* では 16.7°であった（表4-2）。またこの表には入れなかったが *U. mjoebergi* では 5.2°（Reaney ett al. 2008b）であった。この3種は同調の程度がオキナワハクセンシオマネキ（*U. perplexa*）より高い。本種はウエービングのスタイルを複数混ぜるために，同調の程度が低いのだろう。

4-2　最終的に求愛を受け入れられる雄とは

　何回かの雌選択を経て最終的にペアが形成される。雄穴に向かい，立ち寄るかどうかを決める段階ではウエービングのはさみの動かし方が重要である。相対的に高くはさみを上げた雄を雌が選択する。ほかに，雄のリーダーシップなど，複数の形質が選択の対象になる。オキナワハクセンシオマネキの場合，雄の体サイズやはさみのサイズでは選択は起こらなかった（図4-3）（ただし，雄を探している雌は，遠く離れた場所にいるウエービング雄の大きいはさみや体を目印に，近づいてくる可能性がある）。雌と雄サイズを比べても，選択，非選択ともに，サイズのよく似た相手との（サイズ同類的）配偶関係ではない。つまり似たサイズの雄を雌が選択する，という傾向は認められなかった。しかし，穴口にきた雌がペアになるかどうかの段階では，選択はサイズ同類的であった。ペアになった雄と雌のサイズを比べると，ウエービングに対する雌の選択，非選択の場合にはなかった傾向が明らかにな

4-2 最終的に求愛を受け入れられる雄とは

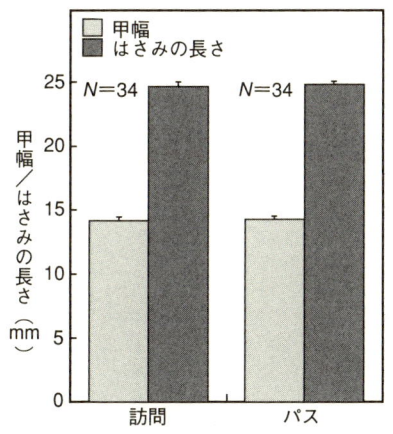

図4-3 雌が穴にきた（訪問）雄とこなかった（パス）雄の体サイズ（甲幅と大きいはさみの長さ）の比較（N：標本数）

った（図4-4）。

ほかのシオマネキ（*U. crenulata*）では，穴口にきた雌が相手の雄のサイズを穴口に体を入れて，穴口と体の隙間の程度で推測し，ペアはサイズ同類的であった（deRivera 2005）。適切なサイズの穴の雌は，満月と新月の大潮の夜に幼生放出し，大きめ，小さめの穴へ人為的に移した雌は大潮からずれた日に幼生放出を行うことが分かった（deRivera 2005）。大潮の夜は，幼生は比較的捕食されにくいのと，分散がよいのとで，幼生放出に都合がよい（Morgan & Christy 1995）。

ウエービング中の雄が，雌とサイズが似ているかどうかの判断は，雌にとって視覚的には難しいかもしれない。穴口に体を当てれば，隙間がどれほどか，穴口がつっかかるくらい体に比べて狭いか，を査定できる。サイズは戦いでも重要なことであるから，似たようなことは戦うときにも起こる。雄同士のとき，離れていてはさみを向かい合わせることから始まるが，それで相手が大きいか，小さいか，特に差が小さいときには，視覚だけでは判定は困難で，はさみをつき合わせて，相手のサイズを査定する。

別の種類 *U. pugilator* では雄穴の質，*U. annulipes* ではそれに加え，雄のサイズを雌は選択した（Christy 1983, Backwell & Passmore 1996）。

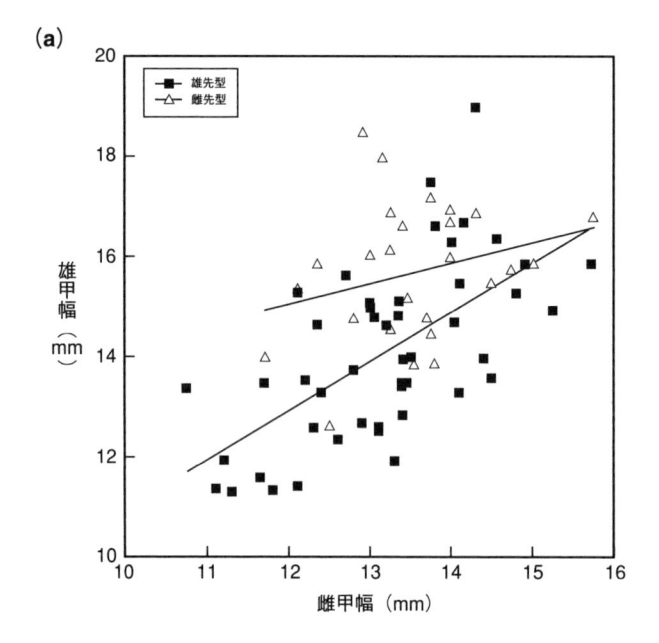

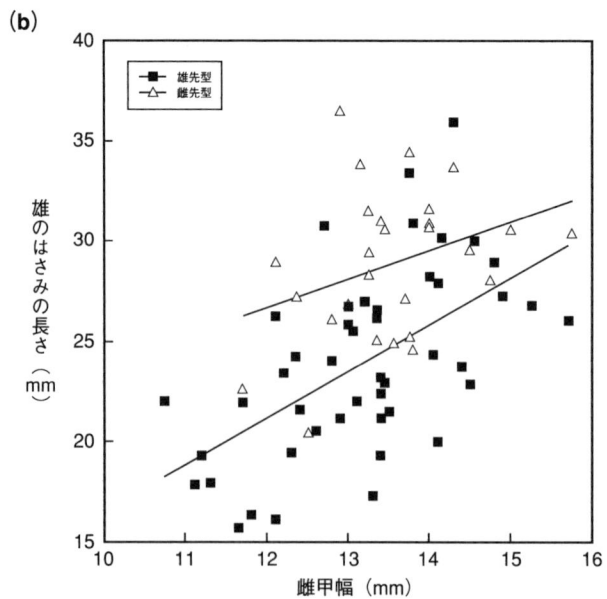

図 4-4 雌雄ペアのサイズの関係を示す。雌の甲幅と雄の甲幅 (a)，雌の甲幅と雄の大きいはさみの長さ (b) の比較

Box 4-1　小潮で潮をかぶらない場所とかぶる場所

　オーストラリアのダーウインの *U. mjoebergi*（Reaney & Backwell 2007b）や韓国の *U. lactea*（Kim & Choe 2003）の場合，生息場所は小潮のとき海水をかぶらない。オキナワハクセンシオマネキ（*U. perplexa*）の生息場所は，前2種ほどでないが，やっと海水をかぶる程度である。天草のハクセンシオマネキ（*U. lactea*）の生息場所は，小潮でも十分潮がかぶるので，それによる行動の違いがあっても不思議ではないと熊本大学合津マリンステーションの逸見泰久は言う。これは行動の違いをもたらす大きい要因の一つになる可能性がある。潮をかぶらないと幼生の放出は起こらないので，このことが交尾や産卵に影響する。ダーウインの *U. mjoebergi* のつがい形成は，1繁殖サイクルにつき5日間に限られる（小潮の終わり近くの5日）。幼生の放出は潮をかぶる4～5日に限られ，つがい形成の起こり始めの期間では，抱卵期間を延長するため開口部の幅の広い穴を選び（大きめの雄の穴），終わりでは放卵期間を短縮するため幅の狭い穴（小さめの雄の穴）を選ぶ。雄サイズと雄穴の開口部幅に正の相関があり，開口部幅と穴内温度に負の相関があるから，適切なサイズの雄を選ぶことで抱卵期間を調節できる（Reaney & Backwell 2007b）。

　ハクセンシオマネキの場合，1繁殖サイクルにつきつがい形成の起こる日数は *U. mjoebergi* よりもずっと長い（森川太郎・逸見泰久　未発表データ）。逸見泰久は，天草のように小潮で十分潮をかぶるところでは，穴サイズは問題にならないだろうと言う。

5章
敵対行動

　行動圏の真ん中にある彼らの穴は生きていくための重要な資源である（3ページ参照）。放浪雄が，穴をもつ定住雄の穴をしばしば奪いにくる。似た体サイズの雄の穴を手に入れようとする。放浪雄はあき穴を獲得することもあるが，多くは獲得後穴を修理したりすることが多い。内部が崩れているのだろう。掘った泥を穴から外へ運びだしている。雌から穴を奪うこともあるが，サイズ的に厳しい。そのため穴を雄から奪うことが多い。放浪雄が定住雄に近づいたとき，定住雄ははさみを開けて追い払い（PL5-1），穴口の近くでは定住雄は穴口に戻って身構える。放浪雄と定住雄の戦いは，穴口付近の地上で起こることが多い。互いに向き合い（PL5-2），はさみとはさみが触れ，押し合う（pushing）（PL5-3）戦いが始まる。多くの場合押し合いで解決するが，そうでないときははさみを組み合わせ，相手をつかみ合う（grappling）戦いにエスカレートする（Morrel et al. 2005）（PL5-4）。押し合いで相手の力を査定できるので，力の差があることが分かれば，そこで戦いは解決するが，力の差が小さいとき，戦いはエスカレートする。

　オキナワハクセンシオマネキ（*U. perplexa*）のエスカレートした戦いは，地上戦で終わることもあるし，定住雄が自分の穴に戻り，穴口から体を出して戦ったりもする。定住雄が，はさみだけを穴から出して穴を守る防衛行動（flat）も見られる（PL5-5）。穴からはさみを出し，相手の雄の前節と腕節の間の関節をはさみで挟むこともある（PL5-6）。定住雄が穴に下りたとき，侵入雄ははさみをその穴口から入れたり，出したりし，繰り返し行うと穴の持ち主は穴から出て穴を明け渡すこともある（PL5-7）。侵入雄も穴に入り，穴

を掘る（digging）行動の繰り返しで，持ち主が穴を明け渡すことも観察できる（PL5-8）。

　地上戦のときは，相手のはさみをはさみでつかみ，相手雄をはじき飛ばし（flick），裏返しになると，裏返しになった雄はその場から立ち去る。侵入雄が穴口にきて穴口近くの穴の壁を叩くと（tapping），持ち主が穴から出てきて，戦いが始まることもある。

　ウエービングは，雌を招いたり，求愛したりするときばかりでなく，戦いの場合にも見られる。離れて向かい合う2匹の雄が交互にウエービングを行いながら近づいてきて，実際の戦いが始まるようである。ウエービングのスタイルはlateral型で，vertical型のときもある（6ページ参照）。詳しい観察がない。

　近縁種の U. mjoebergi 雄の地上戦の始めから終わりまでに要した時間の研究がある（Morrell et al. 2005）。放浪雄と定住雄の穴をめぐる戦いでは，戦い時間は，敗者の体サイズが大きいほど，すなわち，RHP (resource-holding power；資源を調達し，守り，獲得を競う個体の能力）が大きいほど長くなった。サイズ差が大きいほど，戦い時間は短縮した。それは，相手の戦力の査定（mutual assessment）に必要な時間が短くてよいからである。つまり，押し合いの時間が短縮される。両者のサイズが同じくらいの場合に限ると，平均サイズの増加とともに時間は長くなった。

　放浪雄対定住雄の U. mjoebergi の戦いでは，定住雄が勝つことが多い。定住雄は自分の穴の口に脚をかけて戦ったり，穴に入って戦ったりで，有利である。定住雄が穴の外で戦い始めたとき，観察者がそっと穴をふさぎ，戦いで使えなくすると，勝率は低くなることが分かった（Fayed et al. 2008）。しかし，そうすれば定住雄はなぜ有利なのか，もっと具体的に説明できればもっと分かりやすい。穴を奪う目的で戦う放浪雄は，押し合いだけでは勝つことはまずない。放浪雄が相手の穴を掘ったり，穴にはさみを入れたり，つかみ合うエスカレートした戦いへ進まないと勝てない。それに反して，定住雄は押し合いで勝つことができる。

　右側のはさみの大きい雄と左側のはさみの大きい雄がいるので，戦いは同じ側が大きいはさみの雄同士のとき（homo-clawed）と，違う側が大きい雄同

士のとき (hetero-clawed) がある．違うもの同士のときだけ，はさみは基部と基部，先と先が触れ合う．したがって，はさみが同じ方向を向いているときと，違う方向のときでは，ライバルの力を判断する難易があるかもしれない (Backwell et al. 2007)．オキナワハクセンシオマネキの押し合いでは，違う雄同士のとき，体に平行に保持したうえではさみが接触するが (PL5-9 a)，同じ雄同士のときは，そうなるよりもはさみを 60°（腕とはさみの作る角度）くらい開け，接触することが多い (PL5-9 b)．つかみ合いのとき，同じ雄同士は，はさみを体から 60°くらい開けて組み合わせ (PL5-9 c)，違う雄同士ではもっとはさみを開け体から離れた位置ではさみを組み合わせる (PL5-9 d)．はさみの大きい側が同じ雄同士と違う雄同士では，戦いのスタイルは異なる．

　左側のはさみが大きい雄の少ない（集団の全雄の個体数の 5 ％以内）シオマネキの種（たとえば，*U. vomeris*）では，右大雄は左大雄と戦う機会が少ないが，左大雄はいつも右大雄と戦っているならば，左大雄が戦いでは有利のように思える．このことを調べるために，放浪しているとき，左大雄は右大雄よりも戦いに勝つことが多いかどうかをテストした．同じサイズの右大雄と左大雄を干潟で捕まえて放し，新しい穴を得るまでの行動を調べて，比較した．しかし新しい穴を得る方法（定住雌を追い出す，定住雄と戦い穴を奪う，あき穴を獲得する）に違いがなかった．また左大雄は右大雄よりも定住雄と戦う回数が有意に少ないことが分かった．定住雄同士の戦いでも，左大雄は右大雄よりも戦う回数が少なかった．少数雄の左大雄は，右大雄との戦いの経験が多いから，多数雄の右大雄より有利とはならなかった (Backwell et al. 2007)．

　オキナワハクセンシオマネキでは右大雄と左大雄は同数で，ほとんどのシオマネキの種類で同数である．同数の種類でははさみの左右性は遺伝的ではないかもしれないが，*U. vomeris* の左大雄は 1.4 ％で，ほかの個体群でも似たような比率であったので，本種では遺伝性がないとは言い難い (Backwell et al. 2007)．

　オキナワハクセンシオマネキでは，ペア形成中で厚く泥で閉じられた穴に，穴と雌の獲得が目的で，放浪雄が掘って入ってくるケースがときどきある．

穴の中には雌雄がいるが，蓋を掘って中に入ると，中から侵入者とペア中の雄が穴の外に出てくる。穴口の近くで戦いが始まり，ペア雄が負けると侵入者が中に入って，ちょっとしてから穴を閉じ，雌と穴を獲得する。ペア中の雌はまだ未産卵であるから，雌は新しい雄と交尾し，産卵すると思われる。産卵直前では，後で交尾した雄の精子が受精に使われる。

　オキナワハクセンシオマネキの定住雄が近くに穴をもつ同じ雌と表面交尾（16 ページ参照）を繰り返す場合がある。そのようなとき，雄は相手の雌に近づく別の雄をしばしば追い払っている。別雄との表面交尾で受精のう（交尾で入った精子を貯蔵する器官）に別雄の精子が入って混じるのを嫌っているのかもしれない。表面交尾をする近くに穴をもつ雌雄の関係についても調べると興味ある結果を引き出せるかもしれない。

　シオマネキのはさみで物を挟む力はかなり強い。それを測るには，不動肢を固定し，可動肢をある程度開けると，雄ははさみを閉じようとするので，そのときの閉じる力を測定すればよい。Levinton & Allen (2005) の研究によると，挟む力ははさみサイズとともに増加することが分かった。つかみ合いの戦いでは，はさみで相手雄のはさみを挟む力が強いか弱いかが勝負に影響する。穴の持ち主が放浪雄との戦いでは有利であると言ったが，その点も考慮したうえで，大きいはさみをもった大きい雄は戦いに有利である。ただはさみサイズが大きくなるとき，はさみ（可動指）の幅は増加するが，それよりはさみの長さの増加のほうが大きいので，はさみを閉じるスピードの増加に比べ，閉じる力の増加は少ない（Levinton & Allen 2005）。彼らによると，閉じる力の増加率は閉じるスピードの増加率で補われる。

　雌同士の戦い行動についての論文は著者の知る限りではほとんどないので，研究の紹介ができない。オキナワハクセンシオマネキでは，雌間の戦いは，放浪雌が定住雌の穴を奪うときに多く見られる。放浪雌は脚を相手の脚や体の上にのせ，あるいは体をのせ，相手を穴から追い出そうとする（PL5-10）。穴付近の地上では，はさみを上げ，体を高くして戦う（PL5-11）。雌が他個体の雌の穴を掘り（digging），相手を追い出して穴を奪うこともある（PL5-12）。

6章
大きいはさみを動かす行動と保持しているだけの行動

　シオマネキ類のATP生産の60〜70％が解糖による（Full & Herreid 1984）が，嫌気的にATPを合成する過程で血リンパ中に蓄積される最終生産物がラクテートである。血リンパとは開放血管系をもつ節足動物などの血液（体液）である。もし身体的活動で血中ラクテートの濃度が増加するなら，それは行動の度合いの便利な指標になる。血中グルコースはATP生産の主要なエネルギー源であり，その濃度はカニの行動のポテンシャルを部分的に反映すると考えられるので，グルコースの濃度が高くなると，行動が活発になると予測できる（Matsumasa & Murai 2005）。

　シオマネキの行動のなかで，採餌では大きいはさみを保持しているだけで使うことはない（食べるときには小さいはさみを使う）。そのような行動よりウエービングや戦いなどはさみを振る行動や挟み合ったりする行動は，エネルギーコストの高い行動と考えられる。オキナワハクセンシオマネキ（*U. perplexa*）で，ラクテートやグルコースを測定すればはっきり差が出てくると考えて，Matsumasa & Murai (2005) は，はさみを保持しているだけの行動と比べてどれくらい高いエネルギーコストを使うのか調べた。

　測定する雄の穴を中心にして，25 × 25 cm，高さ6 cmのプラスチック枠を，穴付近の底質が干出した直後にセットした。透明または半透明の枠を使った実験区（透明区と半透明区）と，コントロール区を設け，コントロール区は枠を設置しない区で，測定する雄の穴口近くに個体識別のマークを付けた。干潮時間から，その1.5時間後までの間に，シオマネキの歩脚の基部の関節の膜からシリンジで採血し，直ちに血中ラクテートとグルコース濃度を

測定した。測定後，シオマネキに印を付けて放し，正常な行動をとるまでモニターした。また同じものを別に用意して，ラクテートとグルコースを測定した時間帯における実験区（透明区，半透明区）とコントロール区の雄の行動を調べた。

　3処理区の雄の行動の違いを調べた。採餌，ウエービング，採餌しながらウエービング，威嚇，闘争，早足 (trotting：短い期間早足で，近くのカニの方向へ歩く行動)，静止，ポーズ，体掃除，穴堀，排水，吸水，食べながら吸水，くぼみを脚で引っ掻く何かを探す行動，地ならし，穴に入っている，以上16通りのカテゴリーに分け，行動を1分ごとに1時間記録した。採餌は3処理区で違いがなかったが，ウエービングは（採餌しながらウエービングも含めて）コントロール区と透明区で，半透明区よりずっと多く観察できた。威嚇と早足はコントロール区で一番多く，透明区がその1/3くらいで，半透明区はほとんどなしか全くなし，闘争はコントロール区だけで見られた。区ごとに述べると，半透明区では採餌，透明区では採餌とウエービングと少しの威嚇と早足，コントロール区では採餌，ウエービング，威嚇，早足，闘争を観察できた。他の行動カテゴリーについては，3処理区で違いのある場合もあったが，いずれもコストの高い行動とは考えられない（表6-1A）。ここでいう採餌しながらのウエービングは，遠くの雌に対してと，雌がいないときに行う雌を招くウエービングで，ただのウエービングはそれと近くに雌がきたときの求愛のウエービングの両方を含む。透明枠のときは，枠サイズが小さいので，外から雌が枠に近づいたとき，求愛のウエービングも行った。

　ラクテート濃度は半透明区，透明区，コントロール区の順に高くなった。すべての組み合わせで有意差が認められた。この結果から，ウエービングや敵対行動と関連したエネルギーコストが，採餌などに比べ，高いことが明らかになった。このような社会行動では雄は大きいはさみを動かすので，大きいはさみを保持しているだけで使わない採餌のような行動よりも，使うエネルギーコストは増加したのだろう。一方，グルコース濃度は透明区と半透明区の間で有意差があったが，半透明区，透明区，コントロール区の順に増加する傾向はなかった。コントロール区の雄の活発な活動で，グルコースの濃度が高くなるか高く維持される，ということはなかった（表6-1B）。別のヤ

表6-1A 1時間でカニがした行動の回数［表の値は平均 ± SD（標準偏差）］

行動	コントロール	透明	半透明
採餌	16.47 ± 14.86	15.23 ± 13.35	23.07 ± 17.85
ウエービング	15.00 ± 15.03	13.20 ± 13.17	2.13 ± 5.08
ウエービング＋採餌	3.50 ± 4.00	2.33 ± 2.48	1.80 ± 2.88
威嚇	5.10 ± 2.98	1.13 ± 1.89	0.07 ± 0.25
闘争	0.20 ± 0.61	0	0
早足	0.53 ± 0.9	0.20 ± 1.10	0

各実験では，1時間観察し，1分ごとにどの行動をしていたかを記録した。各処理区のカニは30匹。表中の行動以外の行動は省いた。

表6-1B グルコース（mg/dl）とラクテート（mmol/l）の測定値（SD：標準偏差）

	コントロール		透明		半透明	
	グルコース	ラクテート	グルコース	ラクテート	グルコース	ラクテート
平均	18.24	5.74	20.12	4.11	17.40	3.01
SD	3.56	2.09	3.63	2.20	3.66	1.84

各処理25匹の雄から採血した。

ドカリ（*Pagurus bernhardus*）を使った実験では，ラクテートの濃度が増加すると攻撃行動は減少し，グルコース濃度が増加すると攻撃行動は高められた。エネルギーの蓄えが減ることと，有害な副産物が蓄積すること，この2つは戦い行動を止めるかどうかを決めると，この実験をしたBriffa & Elwood (2001) は主張した。シオマネキの攻撃行動とグルコース，ラクテートの濃度の時間的変化を調べれば，ヤドカリの結論に一致することが期待される。シオマネキでは，グルコースについては調べることが多いかもしれない。たとえば，潮のサイクルで行動が活発になるので，グルコース濃度の変化なども分かれば面白いと思う。

シオマネキの大きいはさみを動かす行動のエネルギーコストが高いことが分かった。シオマネキの大きいはさみのほかに，尾びれの下端が長く伸びたソードテール（*Xiphophorus montezumae*）の剣状の突起とツバメ（*Hirundo rustica*）の長い尾羽を動かす行動もエネルギーコストが高い。ソードテールの雄は長い尾びれの突起をもつため，求愛行動の8の字の速い動きにより，方向転換の繰り返しで，体と尾びれの突起がS字型になり，酸素消費が，た

だ普通に泳いでいるときよりも高いことが知られている（Basolo & Alcaraz 2003）。ソードテールは，水流中ただ尾びれの突起を支えながら泳いでいるときは，拙速なターンの繰り返しをやらないので，求愛行動では酸素消費量が増加したと考えられる。

　ツバメの雄は長い尾羽をもつが，自然に起こる範囲内で実験的に長くすると，正常な雄よりも小さい餌を捕るように変わり，換羽後羽の質が低下し，尾羽が実験前と比べ短くなった（Møller 1989）。これは間接的ではあるが，長い尾羽による飛翔はエネルギーを余分に使うことを示唆している。

Box 6-1　ウエービングの別の機能

　不透明のプラスチック枠で1雄を囲むと，ウエービングをほとんど行わなくなった。不透明だから枠外に雌がいても見えないから，ウエービングを行っても役立たない。このような環境では，トリのソングと違いがでる。視界が悪いと視覚シグナルは伝わらない。*U. pugilator* は30分で新しい穴を掘るので，シオマネキの穴のない場所を選び，大きい枠（50 cm × 40 cm）を置き固定し，1匹の雄（フォーカル雄）のほかに複数雄を入れた区を作ったところ，ウエービングを行わなかったが，フォーカル雄のほかに，雌または（雌＋雄）を複数個体入れるとウエービングを行った（Pope 2000）。枠内の雌は交尾相手を探索中の雌ではないが，雌の存在がウエービングと関連していた。

　この実験の後 Denis Pope はさらに考えを進め，放浪雌が近づくと雄は熱心なウエービングに切り替えるが，雄は雌が近づいたことを知るために近くの雄を利用していると主張した。近くの雄のウエービングをモニターして，彼らが熱心に行うウエービングへいつ切り替えるかに注目しておれば，放浪雌を発見できる距離を効果的に拡大できる。それは遠くの雌の存在を見つける確実な方法で，彼女は，*U. tangeri* でこれが見られるかもしれないと述べている。なぜなら本種では，熱心なウエービングとあまり熱心でないウエービングの区別が可能なので，観察できるという主張である（Poop 2005）。

7章
トリによる捕食，捕食回避と捕食リスクについての情報の収集

7-1 性選択とトリによる捕食

　シオマネキ雄の大きいはさみは，求愛やテリトリーを巡る争いに有利な性選択上の形質であると考えられる。性選択の形質は繁殖や闘争では有利であるが，生存率の低下という代価を払う。雄の求愛シグナル，ディスプレイは，雌より捕食者に目立ちやすく，大きいはさみは捕食者から逃げる場合も足かせになりやすい。そう考えると，シオマネキ雄の捕食率が雌よりも高いことが予想できる。

　チュウシャクシギとハジロオオシギは早足で歩いて，表面にいる *U. princeps* を捕食する。パナマのチトレの干潟で，これらの捕食者は表面にいる雄，雌，幼ガニをランダムに捕食した (Backwell et al. 1998b)。*U. stenodactylus* に対しても，同じ研究で6種のトリの捕食者について調べたが，雄の捕食率が雌や幼ガニよりも高くならなかった。雄は捕食されやすい傾向があるという結論にならなかった。

　しかしトリのオナガクロムクドリモドキ（*Quiscalus mexicanus*）に捕食される別種 *U. beebei* では雄が捕食されやいという傾向があった (Koga et al. 2001)。本種は中南米の太平洋岸の干潟に生息するシオマネキである。パナマで調べたところ，オナガクロムクドリモドキは，通常の2つの採餌方法のうちの一つを使ったとき，もっぱら *U. beebei* の雄を食べた。一つ目の方法は，トリは直立し干潟を歩き始めた後，首を伸ばして頭を低くし，平均0.9mまっすぐ走り，穴に逃げ込むカニを穴口で襲った。二つ目の方法は，平均0.8mまっすぐ走り，急角度ターンする。それから同じ長さの距離を走

った後，カニを穴口で襲う。ターン後の走るスピードは増すが，それと一つ目の方法をとるときではスピードの違いはない。急角度ターンの方法では，トリは目標のカニの横をいったん通り過ぎた後，戻り，捕食する。同じトリが二つの方法を使い分ける。

　トリは直進して捕食するときよりも，急角度ターンのときに成功率が有意に高くなった（23/94 ＝ 25％と 83/153 ＝ 54％）。直進のとき，雌雄を同程度に捕食したが（雄 11，雌 10，不明 2），急角度ターンの捕食のときは，雄カニのみ捕食できた（雄 74，不明 9）。雌カニでは成功しなかった。なぜ急角度ターンの捕食では雄カニに対して成功率が高く，雌カニの捕食に失敗するのか。実物と同じサイズのトリの模型を使った実験をした。干潟に 50 × 50 cm の区画を一つ設け（図 7-1），A, C に棒を立て，その先にひもを固定し，ピンと張ったひもに金属のフックでトリの模型を引っ掛けた。トリの模型は地上約 5 cm を通過するように重さを調整した。ひもを手で操作して，模型のトリを A から C まで動かした。模型のスピードはトリの動きと同じスピード（1.5 m/秒）にした。同じサイズの区画をもう一つ設け，まず A から B へ模型を動かし，ただちに同じ別模型を C から D へ動かした。図に示したように，(a) は直進捕食で (b) は急角度ターンの捕食のシミュレーションである。区画内でカニが活動しているときに A から模型をスタートさせた（図 7-1）。

　模型がカニの上を通過するとカニは穴に下りた。区画中央のカニを目標にして，カニと模型の動きを区画の上からビデオで記録した。そのテープを再生してカニが穴に下り始めたときの模型までの距離（cm）を算定した。直進のときは模型が遠くにあるときにカニは穴に下り始めたが，急角度ターンのときは，模型がもっと近づくまで穴に下りなかった。有意差があった。しかし雌雄の行動に差がなかったから，雄は大きいはさみをもつため捕食者から敏速に逃げることを困難にしているとは言えなかった。そのうえで，急角度ターンの捕食のとき，雄は雌より捕食される強い傾向があったが，雄は雌よりも目立つことがオナガクロムクドリモドキの捕食に効果があったのかもしれない。ターンする前に狙ったカニをターン後まで目でとらえ続けるには，かなりカニが目立たないと見失うだろう。*U. beebei* の雄は明るい色の目立つは

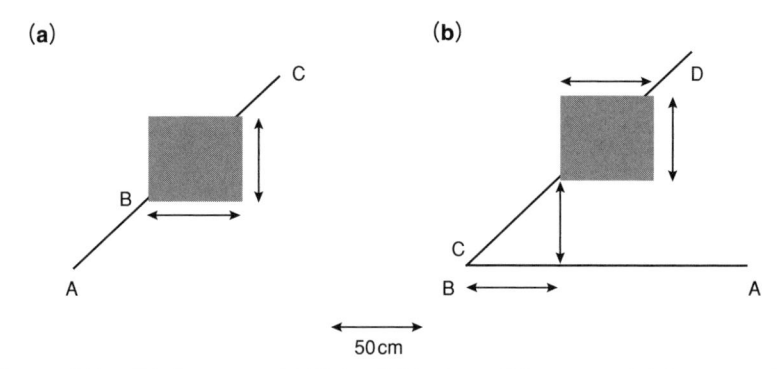

図 7-1 網点で示したフレームを通過する模型のトリの動きのコースを変え，カニの逃避行動を調べる実験。(a)では，模型のトリをAからBを経てCへ動かし，(b)では模型1をAからBへ，その後すぐ模型2をCからDへ動かした。それぞれ，直進して捕食するトリと急角度ターンの後捕食するトリのシミュレーション（Koga et al. 2001 を改変）

さみをもつので，それは交尾や闘争に有利であるが，オナガクロムクドリモドキには目立つため生存率の低下というコストを払っていると考えられる。雌は目立たない隠蔽色であるため，ターンする捕食は雌には不向きである。

7-2 捕食回避と捕食者情報の収集

(a) 捕食回避

カニは捕食者が近づくと急いで穴に逃げ込む。捕食刺激の強さをカニが識別できるなら，刺激が強いほど穴内にいる時間は長くなるはずである。捕食者回避行動を起こす刺激を人為的に与えて，穴に下りている時間を，沖縄島でオキナワハクセンシオマネキ（*U. perplexa*）を使って調べた（Jennions et al. 2003）。観察する個体から 0.5～1m 離れて椅子に腰掛けた観察者がさっと立ち上がり，再度座ることによって捕食行動を代用し，カニから捕食回避行動を引き出した。穴に下りたカニが再び穴から外に出るまでの，穴内での滞在時間を計った。その後でカニの性を記録し，甲らの幅を測った。また，実験をした時間も記録した（干潮時間の前後何時何分）。雄が隠れている時間は 48.8 秒，雌は 42.2 秒で，雄のほうが有意に長くなった。時間の経過とともに隠れている時間が長くなり，雄では大きいほど時間が長い傾向が認めら

7-2 捕食回避と捕食者情報の収集

```
(1回目)        椅子 ←→ ●● ←――― ●●
                    0.5 m   2 m   0.5 m
(2回目)                ●● ―――→ ●● ←→ 椅子
```

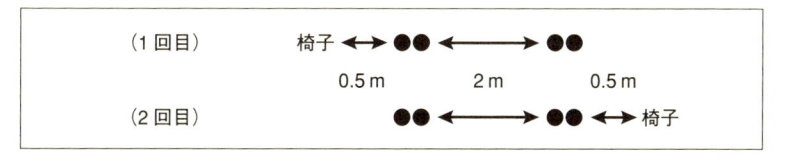

図 7-2 観察者が刺激を与えたとき使った椅子の位置とカニ穴の位置。●はカニ穴を示す

表 7-1 A 捕食刺激を与えたポイントと雄穴間距離が，雄が穴内で隠れている時間に与える影響（SE：標準誤差）

	0.5 m	2.5 m	有意差
平均 ± SE（秒）	56.4 ± 2.7 ($N = 200$)	36.9 ± 1.7 ($N = 200$)	$P < 0.01$

1回目，2回目に関係なく距離でまとめた値を示した（N：刺激の合計回数）。

表 7-1 B 1回目 0.5 m，2回目 2.5 m 離れた点から刺激した場合と，逆の場合の2回目の刺激で雄カニが穴に隠れていた時間（SE：標準誤差，N：刺激の回数）

	0.5 m → 2.5 m	2.5 m → 0.5 m	有意差
平均 ± SE（秒）	49.5 ± 3.0 ($N = 100$)	43.8 ± 2.3 ($N = 100$)	$P < 0.01$

れた（いずれも有意）。雄は雌よりも被食される傾向が強いために穴に隠れている時間が長いのだろう。

次に距離の違う場所から雄に刺激を与え，その影響を調べた。穴が 20 cm 離れた 2 匹のカニを選び，それから 2 m 離れた場所でも 20 cm 穴の離れた 2 匹のカニを選んだ（各 50 セット，合計 200 匹）。通常の行動を開始した後，椅子からさっと立ち上がり，座ることによる捕食の刺激を，最初の 2 匹のカニには 0.5 m のところから，後の 2 匹には 2.5 m 離れたところから与えた（図 7-2）。2 回目の刺激は逆にして，最初のカニには 2.5 m のところから，後のカニには 0.5 m のところから与えた。穴に下りている時間は 2.5 m よりも 0.5 m で有意に長くなった（表 7-1A）。距離の効果は体サイズに依存しなかった。

2 回目の刺激の場合は，1 回目よりも長く穴に下りている傾向があったが，有意ではなかった。最初 0.5 m のところから刺激されたカニは，最初 2.5 m で刺激されたカニよりも 2 回目の刺激で穴に下りている時間は有意に長くな

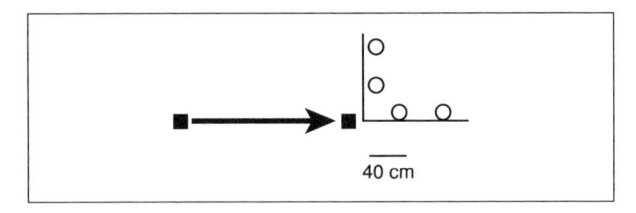

図7-3 捕食者が直接カニ穴に近づいたときと，間接的に近づいたとき，カニが穴に隠れている時間を比較するための実験。実際の捕食者のかわりに，直径7cm，高さ23cmの地面に垂直に立てたシリンダーを，矢印で示したように，2m動かした。■は捕食刺激のスタートの位置と終わりの位置を示す。穴を○で示した。2個の穴は2本の細い線分の交点から40cmまたは80cmの位置にある。左右に並んだ2個の穴は捕食刺激が直接近づいた穴，上下に並んだ2個の穴は捕食刺激が間接的に近づいた穴を示す (Jennions et al. 2003を改変)

り，効果が持ち越した（表7-1B）。

穴に隠れている時間は，雄は雌より長い傾向があった。体サイズや時間帯によっても変わった。カニは，刺激の強さによって反応を変えることが分かった。刺激を与えられた場所から穴までの距離で，穴に隠れている時間が変わった。初回に大きい刺激を受けたカニは，次の刺激を受けたときには，初回の効果の影響がでた。

1.8mの棒の先に，棒と垂直に直径7cm，高さ23cmの黒く塗ったシリンダーを付け，地面近く棒を水平に動かすことによって捕食行動を代行した（図7-3）。直接カニの穴に向かって捕食刺激（シリンダー）の進むときも，そうでないときも，カニが穴に隠れている時間に有意差はなかった。

人為的な捕食刺激を受け穴に隠れている時間は，鰓の水を補給するときや体温の調節などで穴に下りて，滞在する時間と比べ，雄では差がないが，雌では後者のほうが長かった。後者の滞在時間には雌雄差はなかった。

（b）捕食者情報の収集

直接捕食者を発見すると回避行動をとるが，シオマネキはすぐ隣に他個体の穴があり，互いに隣の個体が見える範囲で活動しているので，他個体からも捕食者接近の情報を得ることができる。他個体に依存する情報にはあいまいさがあるが，集団内での情報の交換が捕食者の発見と回避に重要な役割を

7-2 捕食回避と捕食者情報の収集

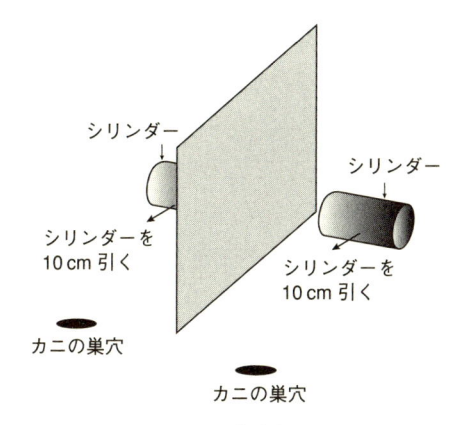

図 7-4 シリンダーを引いて捕食者の接近と見なした実験

表 7-2 シリンダーの作動を見たカニが警戒行動をとったが，そのカニを見たカニ（B：仕切りの左のカニ）と見なかったカニ（A：仕切りの左のカニ）の行動の違いを調べる実験

処理区	A		B	
仕切りの	左	右	左	右
シリンダー？	停止	作動	停止	作動
カニ？	あり	除去	あり	あり
逃避行動をとったカニ数（実験回数：32）	6	−	20	32

果たしていると考えられる（Wong et al. 2005）。捕食者に対するシオマネキ類の警戒行動は，強さの順に，(1) 採餌を止め，表面で静止する，(2) 穴口まで戻る，(3) 穴のシャフト（3ページ参照）のあたりまで下りる，のいずれかである。

アメリカ東海岸で行った *U. pugilator* を使った実験では（Wong et al. 2005），2匹のカニの穴の間に仕切り板を立て，シリンダーを置き，その両端に付けたひもを穴の方向へ引いて動かし，捕食者が接近したように見せかけた（図7-4）。もう一方の穴側にもシリンダーを置いた。処理区Aでは，左側のシリ

ンダーを動かさず，右側のカニを除去した。Bではカニを除去しなかったが，左側のシリンダーを動かさなかった。仕切り板は動くシリンダーを隣のカニが見ないようにするためで，カニは互いに見ることができた。シリンダーが動くのを見たカニは捕食者がきたと思い穴の方向に走るか，穴に入る警戒行動をとった。シリンダーの動きを見なかったが，警戒行動をとったカニを見て，隣のカニはどのように反応するかを調べた (図7-4，表7-2)。実験は32回繰り返した。

捕食者が接近したように見せかけたシリンダーの動きを直接見たカニ (B右) はすべて警戒行動を示したが (32/32)，警戒行動をとった隣のカニだけを見たカニ (B左) は，見なかったカニ (A左) よりも多くのカニが警戒行動をとった (20/32 対 6/32)。しかしすべてのカニではなかった。警戒行動をとって穴に入ったカニのうち，シリンダーの動きを見た場合と警戒行動をとった隣のカニだけを見た場合では，穴に入ったカニの，表面に出てくるまでの時間の長さには違いがなかった。捕食者を見なかったカニが，捕食者を見たカニを見ることによって，同じくらいの長さの警戒行動を引き出した。Aでは穴に下りたカニはいなかった。

捕食者回避行動を起こす人為的な刺激を与えたとき，同じ刺激を与えても警戒行動をとる時間に個体変異があり，穴に比較的長く隠れている個体はいつも長く，短い個体はいつも短いという傾向もあるので，すべての個体を捕食者が接近したとき大胆にふるまう個体，臆病な個体と，どちらでもない個体に分けることができる。大胆な個体と臆病な個体では，放浪中穴を奪う行動に違いがあった。オーストラリアのダーウインで，捕食者トリの模型を使い，干潟の上に張ったロープにそってすべらせ，ロープ近くのカニ (*U. mjoebergi*) から穴への逃避行動を引き出した。個体 (雄) が大胆か臆病かを区別した後干潟に放し調べたところ，新しい穴を獲得する方法に有意差があることが分かった。大胆雄は臆病雄よりも定住雄から穴を奪う傾向が強く，臆病雄は大胆雄より定住雌から穴を奪うか，あき穴を獲得する傾向が強いことが分かった。またサイズが同じ大胆雄と臆病雄の比較では，大胆雄は臆病雄よりも定住雄との戦い回数が有意に多いことが分かった (Reaney & Backwell 2007a)。新しいテリトリーを獲得しようとするとき，大胆雄は臆病雄よりも

多くのテリトリー持主と戦った。この論文では，雄が穴に下りている時間の頻度分布データが示されていて，雄全体を3等分し，最初の1/3を大胆雄，最後の1/3を臆病雄，ほかの雄をどちらでもない雄とした。両極端の行動をとる雄だけ使い実験したのではないことが分かる。

　シオマネキの警戒心は，その個体群での捕食者のリスクがどれくらい高いかでずいぶん異なる。パナマ運河の太平洋側の入口の西岸にできる干潟には，オナガクロムクドリモドキがシオマネキを捕食しているのをしばしば観察できる。このトリの捕食圧が高いので，ここに生息するシオマネキは警戒心が強い。観察者が近づいたときもそうで，穴に下りるとなかなか出てこない。捕食者の少ない干潟ではそうはならない。熊本県天草，沖縄島のハクセンシオマネキ，オキナワハクセンシオマネキはその例である。

8章
John Christy の感覚トラップ説

　U. terpsichores の雄は，穴口にフード (hood) と呼ばれる砂の構築物を作り，雌を穴に誘引する。ほかにもピラー (pillar)，セミドーム (semi-dome) など砂泥の構築物を穴口に作る種がいる (PL8-1)（図 8-1）。フードは高さ 23 mm，幅 33 mm（平均）。少し長くなるが，以下に John Christy と共同研究者たちのフードの効果の実験について紹介する (Christy et al. 2002 など)。

　Christy らはつがい相手を探索する放浪雌を追跡し，雌が求愛雄にアプローチしたとき，雌は求愛雄の穴口にきたかパスしたかを，フードをもつ雄ともたない雄について調べた（13 ページも参照）。そのうえで雌が穴口にきた割合を求めてフードの効果を調べた。産卵が近い雌の 84 % は，フードをもつ雄に求愛されたとき，その雄の穴口にきたが，フードをもたない雄に求愛されたときは 65.6 % にすぎなかった。穴口にきた雌の 1 部はペア形成したが，ペア形成はフードの有無と関係なかった。したがってフードを作る雄を雌がつがいの相手として選択したわけではない。

　行動を調べたところ，フードをもつ雄はフードをもたない雄よりもウエービングが活発で，それに長く時間を費やし，採餌に短い時間を費やした。フードを取り除いた後の雄と取り除かなかった雄の比較では，行動は変わらなかった。以下の取り除いた雄と取り除かなかった雄の比較は，ウエービングが同じ雄の比較であることを示している。

　フード雄のフードを取り除き，雌が穴口にきた回数とパスした回数を調べた。穴口にきた割合はフード雄では 73.6 %，取り除いた雄では 53.8 % で，フードなし雄では 35.3 % であった。取り除かなかった雄と取り除いた雄の差

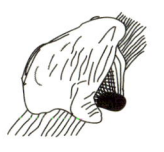

図 8-1 *U. terpsichores*（左）とハクセンシオマネキ（*U. lactea*；右）の穴口に作る構築物

はウエービングの変化はなかったので，それによる違いではない。フードなし雄にモデルフードを与えるとフード雄と同じくらいの比率になった。モデルは自然のフードと効果の違いがないことがあらかじめ調べられて分かっていた。

以上から，フードの効果に関して，ウエービングを活発にしているとき，フードは雌の雄穴口にくる率を高めた。ウエービングがフード雄より活発でないフードなし雄でも，フードを与えると，雌が雄穴口にくる率が高くなった。しかし，フードなし雄にフードを与えるとウエービングを同じように活発にするように変わったか否かは分からないが，多分変わらなかっただろう。フードは近くにきた雌を，雄の穴に誘引する効果があった。しかし，遠くの雌を雄の求愛の場に誘引できるために，フード雄の穴にくる率が高くなるのではなかった。また，雌がフード雄とのペア形成を好むために，くる率が高くなるのではなかった。

雄は半月ごとの繁殖サイクルの期間中 3〜4 日は求愛しているが，多くの雄は 1 回フードを作るだけである。交尾相手を探索中の雌に最もよく出くわすときにフードを作ることにより，コスト（time, energy）に対する利益（attractiveness）を増すのかもしれない（Christy et al. 2001）。したがって *U. terpsichores* では，雌がアプローチしたとき，相手雄の穴にフードがなくても，その雄はフードを作る雄である。ほとんどの雄がフードを作る雄だからだ。雌がアプローチしたとき，雄はフードを作らない日であっただけである。私がパナマ運河の出入口にできた干潟で調査をしたとき，John が観察していた場所ではたくさんのフードができたが，同じ干潟でちょっと離れた（約 50 m）場所ではフードはずっと少なかった。また運河から海へ出て近くの島で調べると，ここもフードは少なかった。ほとんどの雄がフードを作るので

はないかというのは，Christy の観察場所の雄と思ってほしい．場所によって違う理由は分からない．ちなみにピラーを作る *U. beebei* は繁殖サイクルの期間中 4〜6 日求愛し，毎日ピラーを作る (Backwell et al. 1995) ので，*U. terpsichores* のフードのほうが作るコストが高いのかもしれない．

　雌は移動しながらパートナーを探す．移動の途中，つい先ほど入った雄穴から出て，10 cm 以上離れた後，何かの理由でその穴に戻るときは，視覚に頼るのではなく，穴から現在位置までの歩脚の歩幅で測る距離計と，体の横軸方向をその穴に向けることに頼り，体で覚えた距離と方位（パスマップ）を使い穴に戻る．次の雄穴へ向かうときは，先ほど去った穴へのパスマップを捨てる．捨てたときに，捕食者が雌に近づいたら，雌は早急に，去った穴でなく新しい穴か，一時隠れる場所を見つけようとする．このような状況でフードは穴の目印で，穴へ雌の方向づけを誘い出す (Christy et al. 2003a)．

　放浪中のシオマネキ雌は，捕食者が近づかなくても，穴のすぐそばを歩いている．捕食者のアプローチが実際あったとき，リスクが少なくてすむからである．干潟表面にある木の破片や小石などを穴のないところに実験的に置くと，干潟上の隠れ場所になり，それに立ち寄りながら移動する．穴のそばにあるフードもそれと同じである．そのそばに安全な場所（穴）があり，安全な場所の指標になる（フードがなく，穴だけでは気づき難い）(Christy et al. 2003b)．フードのようにカニの目線よりも上にあるものに対しては，強く反応する (Zeil & Al-Mutairi 1996)．したがって次に述べるように，実験的に，同じ距離のところにフード付き穴とない穴を与え，捕食者モデルを接近させたとき，カニはフード付きのほうに反応し，穴に隠れる．

　「穴口の構築物を作ると，それが穴の目印になり，雌は近くを通る．その雌を雄穴に誘引できる」と John Christy は主張した．穴口に構築物を置けば，構築物を作らない種類でもそれを利用すると考え，実験でそれを確かめた (Christy et al. 2003a)．干潟表面に直径 40 cm の円を描き，その円周上に 16 個の直径 1.5 cm の穴を等間隔に開け，穴口に 1 個おきにモデルフードを置いた．円の中心に，雌のシオマネキ (*U. terpsichores*) を放し，10 cm 進んだとき，立てた棒に張ったワイヤに引っ掛けた模型のトリの捕食者を雌の方向に，雌から 3 m 離れた地点から，まっすぐ，すばやく動かした．雌は円周の

外に出るか，穴に入るかはランダムと仮定し，確率を求め期待数と実際のデータを比較した。円周の外に出る実際の頻度は期待数より少なく，穴に入る実際の頻度は期待数より多くなった。また穴に入ったときは，フード付きの穴にフードなしの穴より多く入った。シオマネキの種類を変えて，ピラーを穴口に作る *U. beebei* の場合も，構築物を作らない *U. stenodactylus* の場合も似た結果（フード付き穴に多く入る）が得られた。3種を使った実験から，このような行動はシオマネキでは広く見られると考えられた。

　穴口に構築物を作る種類と作らない種類を使った実験で，作らない種類も構築物に対する雌の好みが潜在的に存在することが分かった。ソードテールには，尾びれの下側に長い突起のある種類とない種類がいる。ない種類の雄に人工的に突起を付けて雌の反応を調べると，雌は突起をもたない雄より突起をもつ雄を好んで選択した。雌の好みが先に進化し，集団中に確立していたと考え，雌の好みにマッチするように雄の形質が進化し，雌の好みと雄の形質の現在の一致ができ上がった。すなわち，雌の好みが先に進化し，雄の形質は後で進化した。Ryan はこれを感覚便乗（sensory exploitation）と呼ぼうと提案した（Ryan 1990）。雌の好みは現在も変わらないという点に注意してほしい。

　シオマネキの，目線より上にある物に対する強い反応（Land & Layne 1995）は先在的で，感覚バイアス（sensory bias）と呼ばれる。穴口の構築物も目線より上にあるので雌は強く反応する。これに頼ると，隠れる穴や場所を見つけやすい。シオマネキの雌が反応するような雄の形質（穴口の構築物）が進化してできたものを，John Christy は感覚トラップ（sensory trap）と呼んだ。Ryan の感覚便乗説では，雄の形質と雌の好みのマッチングを特定するものがないと Christy は強く主張している（Christy et al. 2003a）。シオマネキの雌は，捕食回避の気持ちがあるため雄の形質に反応する。雄の形質，フードやピラーによる刺激が，捕食回避の反応を引き出す刺激に擬態している（Christy 1995）からである。

　感覚トラップはミズダニ類のニセカイダニ（*Neumania papillator*）などでも知られている。本種は遊泳中の餌のカイアシ類（copepod）が出す振動に定位し，雄が水中で脚を震わす行動はカイアシ類の出す振動に擬態していて，

雌の捕食行動を引き出す。雌はこれに定位し，雄をぐいっとつかむ（Proctor 1991）。その結果，精包の受け渡しの率が高くなる。

しかし，トゥンガラガエル（*Physalaemus pustulosus*）の鳴き声を調べた Ryan はこのようなことを明らかにしていない。本種の鳴き声は，あわれっぽい鳴き声（ワイン；whine）と耳障りな音（チャーク；chuck）の 2 つのコンポーネントを含み，ワインの後 0 〜 6 個のチャークが続く（Ryan 1985）。トゥンガラガエルの túngara はパナマの言葉で，擬音語で，túng はワインに似ていて，ara はチャークに似ている。雄が鳴き声のワインにチャークを付け加えると雌が強く反応する（Ryan 1985）が，Ryan はなぜ雌の感覚バイアスがチャークに強く反応するのか説明していない。トゥンガラガエルの鳴き声は，以下の URL で聞くことができる。

http://striweb.si.edu/forest_speaks/english/fauna/frogs/index.html

フードを除去し，3 cm 離れたところにモデルフードを置いて，近づく雌の反応を調べた。穴の側から雌がきたときは，穴口で雌は止まったが，フードの側から雌がきたときは，雌はフードで止まった（Christy et al. 2002）。このとき雄は穴口でウエービングをしていた。捕食者が接近したときに，雌はフードに反応し，その方向へアプローチすることはよく理解できるが，捕食者の接近がなかったとき，(1) 雌はフードに誘引される理由は，求愛ウエービングが捕食者による刺激のかわりの役を果たすからで，(2) そうでなければ，フードがあるときの求愛ウエービングの役割は何か，そのあたりがあいまいである。*U. beebei* でも，捕食者の接近がないとき，雌はどのような刺激を受け，ピラーに反応するのか，についても知りたい。

ウエービングが活発でフードを作る雄やその穴口に雌がくる。フード雄とフードを除去した雄の比較を行って，ウエービングに差がないことが分かったうえ，John Christy は雌に対するフードの効果を調べている。したがってウエービングそのものの役割は明らかにする実験を行っていない。フードなしの日にも雌が雄穴にくる（65.6 %，フードを作った日では 84 %）。フードを作らない日には，雌は作っている雄に多くアプローチするが，雌は作らない日の雄の穴にくるので，その雄を「選択した」と考えると，どの形質が選択と関係があるのか知りたい。

# 9章
シオマネキの発音と再生はさみ

9-1 発音

　シオマネキの発音については，昔からアメリカ，ヨーロッパの研究者のたくさんの論文があるが，多くはソナグラフによる周波数成分の時間的変化やオシログラフによる振動の波形の記載で，種による違いも言及している。Jocelyn Crane は彼女の本 Crane (1975) でいろいろな発音のやり方を細かく書いている。しかし，発音のもつ意義について納得できるのは次の二つである。それぞれは求愛行動の一つの様式と思ってほしい。二つの方法を紹介する。

　U. pugilator 雄はウエービングで雌を穴口へ誘引するが，穴口の近くにくると，ウエービングから前節下部で底質を軽く叩くラッピング (rapping) に切り替える (Salmon & Atsaides 1968)。Michael Salmon は雄の穴口近くに2本の深針をさし，糸を張って，糸に付けた雌の模型を，糸を引っ張りながら動かした (Salmon & Stout 1962)。模型の雌は穴の近くを通過するようにした。雄が干潟表面を叩く音を，そばにコンタクトマイクを置き，レコーダーで記録した。モデルの雌が穴から 7.5～10 cm のときにはウエービングを盛んにしたが，モデルが穴から 2.5 cm のところでは，ウエービングをほとんど行わなくなり，発音で雌を穴口に誘引した。叩くとき，大きいはさみ脚の前節が底質に触れる。これを Crane は major-manus-drum と呼び，用語としてドラミング (drumming) を使っている (Crane 1975)。*U. terpsichores* も激しくドラミングをし，求愛にウエービングとドラミングを併用する。雌選択に2つの形質を使うのか，視覚と聴覚の両方で雌を誘引するのが効果的なのか，なぜ

両方を使うのかまだ分かっていない。

　もう一つの発音は，*U. terpsichores* で観察した。求愛中の雄が穴口にダッシュで戻ると，雌が後を追いかけて穴口にきて，穴口で2頭が並ぶ。その直後雄が先に穴に下り，発音を始める。雌が穴に入ってきても発音をやめない。雌がつがいになることを受け入れたら発音を止める。雌が受け入れないときは，雌は穴から立ち去り，雄は発音をやめる。発音は穴口にきた雌が穴に入り，つがい形成を受け入れるように説得する求愛行動と考えられる。

　発音の方法は stridulation, すなわち，第1歩脚に小さい突起の列があるが，これで大きいはさみ脚の掌部（palm すなわち前節の内側）基部にあるやすりのように並ぶ細かい溝をこすり発音する（Crane 1975, Müller 1989）。Crane は palm-leg-rub と呼んだ。穴口のそばの表面にコンタクトマイクを置き，マイクで拾った音をチューナーで増幅し，レコーダーで記録することができる（PL9-1）。聴覚のほうは，歩脚の長節とその手前（甲ら側）の坐節の境界にある Barth の器官（Barth' organ）が知られている（Salmon et al. 1977）。この場合の発音は，穴口にきた雌がつがい形成をするか否かを決める雌選択の形質の一つであると思われるが，選択された雄と拒否された雄の周波数やパルスレートの違いを調べた研究はない。穴口にいて，何らかの原因で雌が下りてこないとき，雌が立ち去るまで長い間発音を続けた。

　オキナワハクセンシオマネキ（*U. perplexa*）とハクセンシオマネキ（*U. lactea*）も *U. terpsichores* と同じ状況で発音する。しかしどこでどこを摩擦しているのか分からない。*U. terpsichores* と同じやすりのような細かい溝や突起の列がないので，違う部分を摩擦していると考えられる。可能性のある部分を速乾性の接着剤でシールして，発音しなくなるか，調べてみるのがよいかもしれない。上に紹介した発音をするのは雄だけである。

　ほかのカニではツノメガニが発音をする。はさみの掌部腹面の先端部にやすり状の構造の顆粒列があり，はさみを内側に曲げると，はさみ坐節の先端部の隆起に接し，掌部を左右に動かすと音が出る（三宅 1983）。アシハラガニは，眼孔下縁の上面に並ぶ16〜18の顆粒列に，はさみの長節を密着させて左右に動かし発音する（三宅 1983）。そのほかスナガニ，タイワンアシハラガニ，ヒメアシハラガニも発音器と摩擦器をもっている（三宅 1983）。一

般的に音のシグナルは光よりも伝わる速度は遅いが，メッセージを素早く伝えることができ，夜間や水中や木の密集した林の中のような視界が限られた場所でもメッセージを伝えることができるという利点がある。しかしこれらの種の具体的な発音の意義についてはまだ明らかにされていない。

9-2　再生はさみの雄

　雄は大きいはさみを失うと，新しくはさみが再生し，脱皮を重ねて元のサイズくらいになる。一般的にシオマネキの再生はさみは，はさみの長さが同じでも，オリジナルのはさみに比べ，指節が長く，掌部が短い（PL 1-1 b）。再生はさみは軽い。観察者の眼から見れば，再生はさみは弱そうに見える。*U. annulipes* の雄（はさみはオリジナル）が，穴を奪いにきて，定住雄（穴の持主）と戦うと，再生はさみの定住雄はオリジナルはさみの定住雄に比べ弱かった（Backwell et al. 2000）。しかし自然の戦いでは，その組み合わせは，それぞれのはさみの雄の比率に応じて起こり，再生はさみの定住雄に穴獲得の戦いを好んで向けるわけでもなかった（Backwell et al. 2000）。つまり，はさみが出すシグナルに差がない。再生はさみの雄は，戦い能力を偽ったシグナルを送っていると言えた。再生はさみの雄は自分自身との戦いを，ある程度，相手に思いとどまらせていることが分かった。

　再生はさみの雄を狙って戦えば，戦いに勝ち，穴を取得できるのに，オリジナルはさみの雄は再生はさみの雄を狙って戦わない。嘘つき雄（再生はさみの雄）の数が少なければ，相手雄をだましやすいが，再生はさみの雄が全雄の 44 ％であったが，ばれないのは驚きである（Maynard-Smith & Harper 2003）。だます個体が少ないほうが，相手をだましやすい。擬態の場合（味が良くてほかの動物に捕食される種類の動物が，ほかの不味な警告色をもつ動物に姿をにせて，捕食者を欺く）がそうで，擬態者がそのモデルよりも個体数が少ないのが普通である。嘘つき個体の割合が少ないため，だましの例を発見することが難しい。

　我々の眼では区別できても，シオマネキの雄は再生はさみの雄とオリジナルはさみの雄を区別できない。しかし再生はさみの雄は，はさみを自切したため再生はさみだということを知っているだろう。すなわちオリジナル雄よ

りも戦い能力の劣った雄であるということを知っているかもしれない。穴を失い放浪中の再生はさみの *U. mjoebergi* 雄は定住雄との戦いを避ける傾向が強く，雌穴を奪うか，あき穴を見つけて穴を獲得した。オリジナル雄の放浪個体は定住雄から穴を奪うものが最も多く見られた（Reaney et al. 2008a）。またテリトリーをめぐる近隣雄との戦いでは，再生はさみの雄は特に挑戦される傾向はなかったが，戦いが起こると穴を明け渡す（テリトリーを放棄する）傾向がオリジナル雄よりも強いことが分かった（Reaney et al. 2008a）。繁殖に関しては，雌がアプローチして，雄穴を訪れた雌のうち，雄が再生はさみであった割合は，集団の再生はさみ雄の割合と同じだった。しかし，ペア形成した 33 雄中再生はさみの雄は 0 で，集団中の再生はさみ雄の割合より有意に低いことが分かった。これと関連したテーマ（deception）に興味をもつ人は Maynard-Smith & Harper（2003），Searcy & Nowicki（2005）が参考になる。再生はさみにかわると，後でオリジナルはさみのようになることはないらしい。自切しなかった雄は，生涯オリジナルはさみをもつ。

10章
おわりに

10-1 なぜはさみが大きいのか

　雄間の闘争では，はさみを向け合い，押し合い，さらにエスカレートするとはさみを組み合わせて戦い，相手の大きいはさみ脚の前節と腕節の間の関節部分をはさんで，押したり引いたりすることも紹介した。大きいはさみほど物を挟んだとき締めつける力（絶対的な力）が強いという研究があるので（Levinton & Judge 1993），相手のはさみを挟んだときに，はさみの大きい雄ほど戦いは有利になると考えられる。戦う雄の間で，はさみのサイズに差が大きければ，向け合ったり，押し合ったりしたときでも，大きいはさみの雄は戦いに勝つことが多い。したがって大きいはさみは戦うには有利なので，そのために進化したと思う。もちろんはさみを支える体の大きさも，戦いには重要である。オキナワハクセンシオマネキでは，甲幅が1.5倍（10 mm → 15 mm）になるとはさみの長さは2倍になり（村井実　未発表），戦う武器であるはさみの成長は体より著しい。

　そのうえで，繁殖のうえでも大きいはさみをもつ意義がある。ペア形成が成功するためには，まず遠くの雌を雄が近くに誘引することが不可欠である。大きいはさみと体の大きさは，遠くの雌に雄の位置の情報を与える強力なシグナルである。はさみと体サイズのどちらが有効に機能するのかまだ分からないが，片方の耳を地面にくっ付けて，上の目を閉じ，下の目で遠くのウェービングする雄を見ると，カニの体よりもはさみが観察者にはよく目立つ。雌の誘引にはさみやその動きが効果的と思われるが，はさみと体のどちらに雌が強く反応するか調べてみたいと思う。闘争で有利な大きいはさみは雌に

位置の情報を与えるためにも有利であるという結果が期待される。

　雌は求愛のウエービングではさみを（相対的に）高く上げる雄を好むことを紹介した。大きいはさみを高く上げる雄は質の高い雄とすると，質の低い雄を雌は選択しない。甲らとはさみサイズは年齢とともに大きくなる。甲らが大きくなると，はさみサイズの成長をとめる雄はいない。どの個体もはさみが大きくなり（重くなり），そのためにはさみを上げるコストを払えない雄が生じた。はさみが大きい理由の解明はまだまだ不十分で今後の研究課題である。

10-2　シオマネキの保護にご協力を

　マングローブのある場所では，シオマネキは林縁から水際までの間に生息している。マングローブは満潮で海水に根元が浸り，塩水に耐え，潮が引くと全体が現れることから，マングローブをちらっと見るため干潟に訪れる人が多い。マングローブのそばにいるシオマネキはマングローブに比べて目立たないし，人がマングローブに近づくと，穴に入ってしまう。穴も小さいし，穴やシオマネキに気づく人はほとんどいない。そのため大勢の人が干潟に下りてくると，シオマネキの穴をふみ壊し，干潟は踏み跡だらけになる。そのほか，カヤックを干潟に引き上げたり，引き潮で浅くなったところを船底でこすったりする。種々の原因が複合的に働いたと思われるが，昔たくさんいたシオマネキが絶滅したところもある。カヤックが通ると，干潟で餌をついばんでいるシギ，チドリも逃げてしまう。干潟のトリが安心して餌を探す場所でなくなる。開発や生活排水の急な影響がなくても，干潟の環境が徐々に悪化する。干潟にはたくさんの生物がすんでいる。その点で干潟とビーチは違う。ビーチでは歩き回っても，干潟での散策は困る。

　パナマのSmithsonian熱帯研究所は子どものために魚などを水槽で飼育し，展示していた。海岸のそばの屋外に設置した屋根テントの下に水槽が並べられていた。海岸下は広い干潟ができた。しかし許可なしに干潟に下りることができない。侵入すると陸上の建物のそばからピーと笛を吹く人がいて，呼びつけられ注意される。人手がないとなかなかできないことである。ここで指導員の方が10名ほどの子どもたちを連れて観察している風景にと

きどき出合った。先生を先頭に子どもたちは一列に並び，干潟を歩いていた。先生はときどき立ち止まり，子どもたちは輪になってしゃがみ，何やら観察していた。ちょっと観察の後，立ち上がりまた歩いて行った。観察には私はこのスタイルが一番気に入った。

それに対し，シオマネキ調査をしているとき，干潟観察会に出会うことがある。たくさんの子どもたちが参加していて，説明を聞いてから，自由に干潟を見て回りなさいと言われ，はじめはシオマネキを捕まえることに集中し，大きいのを捕まえたとか，大騒ぎになる。歩き回り，大勢でシオマネキの穴を踏みつけ，あちこち掘り返す。観察会ではないが，泥干潟でどろんこになって遊びましょうというイベントがある。泥の上でかけっこをし，綱引き，板の上に乗り滑る遊びをする。ベントスの側にすると，大迷惑な行事である。干潟を壊すのを防ぐことばかりでなく，残した干潟の利用のし方について，もっと注意深くなること，どちらも重要なことである。

マングローブの林内に観察用の歩道（walkway）が付いているところがある（PL 10-1）。歩道はマングローブだけでなく，干潮時干潟の生物を観察するのにも良いかもしれない。歩道から気軽に観察できるうえ，干潟を歩いて表面を踏みつけることを避けることができるのでよいが，これを作るときの環境破壊を考えれば，良い方法と言えないかもしれない。観察や研究が干潟の環境破壊の原因になることがあるので，注意しなければならない。

10-3　シオマネキの行動観察の実習

大学学部生対象の「行動観察の野外実習」を何年かやってきて思ったことがある。学生は実験室での生物実習に慣れていても，野外で行う実習や動物を観察する実習のコースが少ないためか，実習の現場で思ったように動いてくれない。試薬や器具，実験材料を実験台に持ってきて，目の前で実験すること，麻酔し，固定した小動物をトレイにのせ解剖するなど，実験台で行うことに学生は慣れている。野外実習では，動物に我々のほうから近づかないと，あるいは双眼鏡の視野に動物が入らないと何もできない。しかし，うまく近づけても，視野に動物が入っても，相手は思ったように動いてくれないことが多いので我慢強くならないといけない。しかし学生はこれが一番弱い

ようである。

　シオマネキの実習で，特定の放浪雄の行動を乱さないように，後ろからつけて歩くとき，雄は早く歩いたり，ゆっくり歩いたりする。ゆっくりのときに，実習生は足でカニを突っついたりすることがよくあった。これでは正常な行動を観察できない。シオマネキに観察者が近づくと，カニは穴に入って，穴近くで静かにしてしばらく待たないと穴の外に出てこない。初めて観察する人には，これはシオマネキ観察の憂鬱な点らしい。複数の観察者がじっとシオマネキを観察しているとき，一人が動くと近くのカニはみんな穴に入ってしまって，観察が中断する。そのようなことがないよう観察者一人一人が十分離れた場所で観察することをすすめる。

　マングローブがある干潟で実習するとき，砂地のマングローブでは，樹はまばらで，日の当たるところにはシオマネキの穴が見られ，穴から出て活動している。このようなマングローブの中に入って，木の陰で少々いるカニを観察する人がいる。暑いけれど，たくさんいるマングローブの外で観察してほしい。たくさんいる生息場所で観察すべきだと思う。野外での観察や調査は汚れる仕事である。夏の干潟は大変暑い。地表温度は40℃を超える。それでも観察したいと思う，意思の強さと強い研究心が必要だろう。

　観察中，人が足早に歩いてやってきて，「何を観察しているのですか」とよく聞かれる。カニがたくさん回りに活動していたら，すぐわかるように説明できるのであるが，人がきたときは，カニは穴に入ってしまっている。カニの穴は小さくて，やってきた人は気がつかない。何も動物のいないところに観察者が立っていることになり，こういうときはどうも具合が悪い。

　「シオマネキを調べています」
　「シオマネキはどこにいるのですか」
　「穴に隠れました」
　「どこに穴があるのですか」
　「—」

引用文献

Backwell, P.R.Y., Christy, J.H., Telford, S.R., Jennions, M.D. & Passmore, N.I. 2000. Dishonest signaling in a fiddler crab. Proceedings of the Royal Society of London, Series B 267: 719-724

Backwell, P.R.Y., Jennions, M.D., Christy, J.H. & Passmore, N.I. 1999. Female choice in the synchronously waving fiddler crabs *Uca annulipes*. Ethology 105: 415-421

Backwell, P.R.Y., Jennions, M.D., Christy, J.H. & Schober, U. 1995. Pillar building in the fiddler crab *Uca beebei*: evidence for a condition-dependent ornament. Behavioral Ecology and Sociobiology 36: 185-192

Backwell, P.R.Y., Jennions, M.D., Passmore, N.I. & Christy, J.H. 1998a. Synchronized courtship in fiddler crabs. Nature 391: 31-32

Backwell, P.R.Y., Jennions, M.D., Wada, K., Murai, M. & Christy, J.H. 2006. Synchronous waving in two species of fiddler crabs. Acta Ethologica 9: 22-25

Backwell, P.R.Y., Matsumasa, M., Double, M., Roberts, A., Murai, M., Keogh, J.S. & Jennions, M.D. 2007. What are the consequences of being left-clawed in a predominantly right-clawed fiddler crab? Proceedings of the Royal Society of London, Series B 274: 2723-2729

Backwell, P.R.Y., O'Hara, P.O. & Christy, J.H. 1998b. Prey availability and selective foraging in shorebirds. Animal Behaviour 55: 1659-1667

Backwell, P.R.Y. & Passmore, N.I. 1996. The constraints and multiple choice criteria in the sampling behaviour and mate choice of the fiddler crab, *Uca annulipes*. Behavioral Ecology and Sociobiology 38: 407-416

Basolo, A. & Alcaraz, G. 2003. The turn of the sword: length increases male swimming costs in swordtails. Proceedings of the Royal society of London, Series B 270: 1631-1636

Booksmythe, I., Detto, T. & Backwell, P.R.Y. 2008. Female fiddler crabs settle for less: the travel costs of mate choice. Animal Behaviour 76: 1775-1781

Bradbury, J.W. & Vehrencamp, S.L. 1998. Principles of Animal communication. Sinauer, Massachusetts

Briffa, M. & Elwood, R.W. 2001. Decision rules, energy metabolism and vigour of hermit-crab fights. Proceedings of the Royal Society of London, Series B 268: 1841-1848

Cannicci, S., Fratini, S. & Vannini, M. 1999. Short-range homing in fiddler crabs (Ocypodidae, genus *Uca*): a homing mechanism not based on local visual landmarks. Ethology 105: 867-880

Caravello, H.E. & Cameron, G.N. 1987. The effects of sexual selection on the foraging behaviour of the Gulf Coast fiddler crab, *Uca panacea*. Animal Behaviour 35: 1864-1874

Christy, J.H. 1983. Female choice in the resource-defense mating system of the sand fiddler crab, *Uca pugilator*. Behavioral Ecology and Sociobiology 12: 169-180

Christy, J.H. 1995. Mimicry, mate choice, and the sensory hypothesis. American Naturalist 146: 171-181

Christy, J.H., Backwell, P.R.Y. & Goshima, S. 2001. The design and production of a sexual signal: hoods and hood building by male fiddler crabs *Uca musica*. Behaviour 138: 1065-1083

Christy, J.H., Backwell, P.R.Y., Goshima, S. & Kreuter, T. 2002. Sexual selection for structure building by courting male fiddler crabs: an experimental study of behavioral mechanisms. Behavioral Ecology 13: 366-374

Christy, J.H., Backwell, P.R.Y. & Schober, U. 2003a. Interspecific attractiveness of structures built by courting male fiddler crabs: experimental evidence of a sensory trap. Behavioral Ecology and Sociobiology 53: 84-91

Christy, J.H., Baum, J.K. & Backwell, P.R.Y. 2003b. Attractiveness of sand hoods built by courting male fiddler crabs, *Uca musica*: test of a sensory trap hypothesis. Animal Behaviour 66: 89-94

Crane, J.H. 1975. Fiddler crabs of the world, Ocypodidae: genus *Uca*. Princeton University Press, Princeton

deRivera, C.E. 2005. Long searches for male-defended breeding burrows allow female fiddler crabs, *Uca crenulata*, to release larvae on time. Animal Behaviour 70: 289-297

Fayed, S.A., Jennions, M.D. & Backwell, P.R.Y. 2008. What factors contribute to an ownership advantage? Biology Letters 2008: 143-145

Frith, C.B. & Beehler, B.M. 1998. The birds of paradise, Paradisaeidae. Oxford University Press, Oxford

Full, R.J. & Herreid, C.F., II. 1984. Fiddler crad exercise: the energetic cost of running sideways. Journal of Experimental Biology 109: 141-161

Gerhardt, H.C. & Huber, F. 2002. Acoustic communication in insects and anurans: common problems and diverse solutions. University of Chicago Press, Chicago

Getty, T. 2006. Sexually selected signals are not similar to sports handicaps. Trends in Ecology and Evolution 21: 83-88

Grafen, A. 1990. Biological signals as handicaps. Journal of Theoretical Biology 144: 517-546

Hemmi, J.M. & Zeil, J. 2003. Robust judgement of inter-object distance by an arthropod. Nature 421: 160-163

Jennions, M.D., Backwell, P.R.Y., Murai, M. & Christy, J.H. 2003 Hiding behaviour in fiddler crabs: how long should prey hide in response to a potential predator? Animal Behaviour 66: 251-257

Kim, T.W. & Choe, J.C. 2003. The effect of food availability on the semilunar courtship rythum in the fiddler crab *Uca lactea* (de Haan) (Brachyura: Ocypodidee). Behavioral Ecology and Sociobiology 54: 210-217

Kinnear, M., Smith, L.M.A., Maurer, G., Backwell, P.R.Y. & Linde, C.C. 2009. Polymorphic microsatellite loci for paternity analysis in the fiddler crab *Uca mjoebergi*. Journal of Crustacean Biology 29: 273-274

Koga, T., Backwell, P.R.Y., Christy, J.H., Murai, M. & Kasuya, E. 2001. Male-biased predation of a fiddler crab. Animal Behaviour 62: 201-207

Koga, T., Backwell, P.R.Y., Jennions, M.D. & Christy, J.H. 1998. Elevated predation risk changes mating behaviour and courtship in a fiddler crab. Proceedings of the Royal Society of London, Series B 265: 1385-1390

Koga, T., Henmi, Y. & Murai, M. 1993. Sperm competition and the assurance of underground copulation in the sand-bubbler cab *Scopimera globosa* (Brachyura: Ocypodidae). Journal of Crustacean Biology 13: 134-137

Koga, T., Murai, M. & Yong, H.S. 1999. Male-male competition and intersexual interactions in underground mating of the fiddler crab *Uca paradussumieri*. Behaviour 136: 651-667

Kotiaho, J.S. 2000. Testing the assumptions of conditional handicap theory: costs and condition dependence of a sexually selected trait. Behavioral Ecology and Sociobiology 48: 188-194

Kotiaho, J.S. 2001. Costs of sexual traits: a mismatch between theoretical considerations and empirical evidence. Biological Reviews 76: 365-376

Land, L. & Layne, J. 1995. The visual control of behaviour in fiddler crabs I. Resolution, thresholds and the role of the horizon. Journal of Comparative Physiology A 177: 81-90

Levinton, J.S. & Allen, B.J. 2005. The paradox of the weakening combatant: trade-off between closing force and gripping speed in a sexually selected combat structure. Fuctional Ecology 19: 159-165

Levinton, J.S. & Judge, M.L. 1993. The relationship of closing force to body size for the major claw of *Uca pugnax* (Decapoda: Ocypodidae). Functional Ecology 7: 339-345

Lill, A. 1979. An assessment of male parental investment and pair bonding in the polygamous superb lyrebird. Auk 96: 489-498

Matsumasa, M. & Murai, M. 2005. Changes in blood glucose and lactate levels of male fiddler crabs: effects of aggression and claw waving. Animal Behaviour 69: 569-577

Maynard Smith, J. & Harper, D. 2003. Animal signals. Oxford University Press, Oxford

三宅貞祥 1983. 原色日本大型甲殻類図鑑 II 保育社，東京

Møller, A.P. 1989. Viability costs of male tail ornaments in a swallow. Nature 339: 132-135

Møller, A.P. & Lope, F. de 1994. Differential costs of a secondary sexual character: an experimental test of the handicap principle. Evolution 48: 1676-1683

Morgan, S.G. & Christy, J.H. 1995. Adaptive significance of the timing of larval release by crabs. American Naturalist 145: 457-479

Morrell, L.J., Backwell, P.R.Y. & Metcalfe, N.B. 2005. Fighting in fiddler crabs *Uca mjoebergi*: what determines duration? Animal Behaviour 70: 653-662

Murai, M. & Backwell, P.R.Y. 2005. More signalling for earlier mating: conspicuous male claw waving in the fiddler crab, *Uca perplexa*. Animal Behaviour 70: 1093-1097

Murai, M. & Backwell, P.R.Y. 2006. A conspicuous courtship signal in the fiddler crab *Uca perplexa*: female choice based on display structure. Behavioral Ecology and Sociobiology 60: 736-741

Murai, M., Backwell, P.R.Y. & Jennions, M. 2009. The cost of reliable signaling:

experimental evidence for predictable variation among males in a cost-benefit trade-off between sexually selected traits. Evolution 63: 2363-2371

Murai, M., Goshima, S. & Henmi, Y. 1987. Analysis of the mating system of the fiddler crab, *Uca lactea*. Animal Behaviour 35: 1334-1342

Murai, M., Koga, T. & Yong, H.S. 2002. The assessment of female reproductive state during courtship and scramble competition in the fidder crab, *Uca paradussumieri*. Behavioral Ecology and Sociobiology 52: 137-142

Müller, W. 1989. Untersuchungen zur akustisch-vibratorischen Kommunikation und Ökologie tropischer und subtropischer Winkerkrabben. Zoologische Jahrbücher. Abteilung für Systematik, Ökologie und Geographie der Tiere 116: 47-114

Nakasone, Y., Akamine, H. & Asato, K. 1983. Ecology of the fiddler crab *Uca vocans vocans* (Linnaeus) (Decapoda: Ocypodidae) II. Relation between the mating system and the drove. Galaxea 2: 119-133

Nakasone, Y. & Murai, M. 1998. Mating behavior of *Uca lactea perplexa* (Decapoda: Ocypodidae). Journal of Crustacean Biology 18: 70-77

Parker, G.A. 1979. Sexual selection and sexual conflict. In: Sexual selection and reproductive competition in insects (Ed. by M.S.Blum & N.A.Blum), pp.123-166. Academic Press, New York

Petrie, M., Halliday, T. & Sanders, C. 1991. Peahens prefer peacocks with elaborate trains. Animal Behaviour 41: 323-331

Poop, D.S. 2000. Testing function of fiddler crab claw waving by manipulating social context. Behavioral Ecology and Sociobiology 47: 432-437

Poop, D.S. 2005. Waving in a crowd: fiddler crabs signal in networks. In: Animal communication networks (Ed. by P.K.McGregor), pp. 2522-2576. Cambridge University Press, Cambridge

Proctor, H.C. 1991. Courtship in the water mite *Neumania papillator*: males capitalize on female adaptations of predation. Animal Behaviour 42: 589-598

Reaney, L.T. & Backwell, P.R.Y. 2007a. Risk-taking behavior predicts aggression and mating success in a fiddler crab. Behavioral Ecology 18: 521-525

Reaney, L.T. & Backwell, P.R.Y. 2007b. Temporal constraints and female preference for burrow width in the fiddler crab, *Uca mjoebergi*. Behavioral Ecology and Sociobiology 61: 1515-1521

Reaney, L.T., Milner, R.N.C., Detto, T. & Backwell, P.R.Y. 2008a. The effects of claw regeneration on territory ownership and mating success in the fiddler crab *Uca mjoebergi*. Animal Behaviour 75: 1473-1478

Reaney L.T., Sims R.A., Sims S.W.M., Jennions M.D. & Backwell P.R.Y. 2008b. Experiments with robots explain synchronized courtship in fiddler crabs. Current Biology 18: R62-R63

Reinsel, K.A. & Rittschof, D. 1995. Environmental regulation of foraging in the sand fiddler crab *Uca pugilator* (Bosc 1802). Journal of Experimental Marine Biology and Ecology 187: 269-287

Rosenberg, M.S. 2001. The systematics and taxonomy of fiddler crabs: a phylogeny of the genus *Uca*. Journal of Crustacean Biology 21: 839-869

Ryan, M.J. 1985. The túngara frog. A study in sexual selection and communication. University of Chicago Press, Chicago

Ryan, M.J. 1990. Sexual selection, sensory systems and sensory exploitation. Oxford

Surveys in Evolutionary Biology 7: 157-195
Salmon, M. 1984. The courtship, aggression and mating system of a "primitive" fiddler crab (*Uca vocans*: Ocyoidudae). Transactions of the Zoological Society of London 37: 1-50
Salmon, M. & Atsides, S.P. 1968. Visual and acoustical signalling during courtship by fiddler crabs (Genus *Uca*). American Zoologist 8: 623-639
Salmon, M. & Stout J.F. 1962. Sexual discrimination and sound production in *Uca pugilator* Bosc. Zoologica 47: 15-19
Salmon, M., Stout, J.F. & Hyatt, G.W. 1977. Barth's myochordotonal organ as a receptor for auditory and vibrational stimuli in fiddler crabs (*Uca pugilator* and *U. minax*). Marine Behavior and Physiology 4: 187-194
Searcy, W.A. & Nowicki, S. 2005. The evolution of animal communication. Reliability and deception in signaling systems. Princeton University Press, New Jersey
Sturmbauer, C., Levinton. J.S. & Christy, J. 1996. Molecular phylogeny analysis of fiddler crabs: test of the hypothesis of increasing behavioral complexity in evolution. Proceedings of the National Academy of Sciences, USA. 93: 10855-10857
Tinbergen, N. 1951. The study of instinct. Oxford University Press, New York
von Hagen, H.O. 1962. Freilandstudien zur sexual- und Fortpflanzungs-biologie von *Uca tangeri* in Andalusien. Zeitschrift für Morphologie und Ökologie der Tiere 51: 611-725
Wong, B.B.M., Bibeau C., Bishop K.A. & Rosenthal G.G. 2005. Response to perceived predation threat in fiddler crabs: trust thy neighbor as thyself? Behavioral Ecology and Sociobiology 58: 345-350
Yamaguchi, T. 1973. Asymmetry and dimorphism of chelipeds in the fiddler crab, *Uca lactea* De Haan. Zoological Magazine 82: 154-158
Yamaguchi, T. 1998. Evidence of actual copulation in the burrow in the fiddler crab, *Uca lactea* (De Haan, 1835)(Decapoda, Brachyuca, Ocypodidae). Crustaceana 71: 565-570
Yamaguchi, T. 2001. Incubation of eggs and embryonic development of the fidler crab, *Uca lactea* (Decapoda, Brachyura, Ocypodidae). Crustaceana 74: 449-458
Zahabi, A. 1975. Mate selection – a selection for a handicap. Journal of Theoretical Biology 53: 205-214
Zeil, J. & Al-Mutairi, M.M. 1996. The variation of resolution and ommatidial dimensions in the compound eyes of the fiddler crab *Uca lactea annulipes* (Ocypodidae, Brachyura, Decapoda). Journal of Experimental Biology 199: 1569-1577
Zucker, N. 1983. Courtship variation in the neo-tropical fiddler crab *Uca deichmanni*: another example of female incitation to male competition. Marine Behavior and Physiology 10: 57-79

索 引

あ 行

相手の戦力の査定　37
亜属　1
穴サイズ　35
穴内温度　3, 35
穴に下りている時間　46 - 48, 50
穴の蓋　iii, 4
穴掘　xiv, 36
威嚇　7, 41, 42
隠蔽色　46
ウエービング　v, x, 6, 37, 40 - 43
ウエービング時間　18 - 21
ウエービングの同調　29 - 32
ウエーブ　21, 22, 28, 29
ウエーブのオーバーラップ　29, 30
エスカレート（戦い）　36
押し合い（戦い）　xi, xiv, 36, 38, 61
雄穴　3, 4
雄の生殖器　6
尾羽（ツバメ）　26, 43
尾びれの突起（ソードテール）　42, 55
オリジナルのはさみ　ii, 2, 59, 60

か 行

ガード（産卵前ガード）　6, 14, 20
ガード日数　19
解糖　40
可動指　2, 39
カニの発音器　58
カニの摩擦器　58
顆粒列　58
感覚トラップ説　52, 55
感覚バイアス　55, 56
感覚便乗説　55
眼孔下縁　58
基節　2
擬態　59

さ 行

求愛のウエービング　ix, 11, 12, 18, 20, 21, 23, 41, 62
急角度ターン　44, 45
吸水　iv, 4
クラスター　x, 28, 30, 32
グルコース　40
グルコース濃度　40 - 42
警戒行動　49, 50
警戒心　51
形態　2
系統樹　1
血リンパ　40
嫌気的　40
攻撃行動　42
交尾　14, 35, 39
コバルト60　13
コロニー　3
コンタクトマイク　xvi, 57
コンディション　27

さ 行

採餌　iv, 6, 14, 40 - 42, 44
採餌しながらウエービング　41, 42
サイズ同類的　32, 33
再生はさみ　ii, 2, 59, 60
坐節　2, 58
産卵　14, 17 - 19, 35, 39
シオマネキの行動観察　63
シオマネキの保護　62
シグナル　18, 20, 25, 26, 29, 59, 61
指節　2, 59
自切　2
社会行動　6, 7
習性　3
受精　13, 16, 39
受精のう　13, 16, 39
受精卵　13, 16

索　引

掌部　2, 58, 59
食性　4
視力　5
シリンジ　40
精子　13, 16, 39
生殖口の蓋　6, 17
性選択　44
精包　55
石灰化　6
セミドーム　52
先行ウエーブ　29, 32
先行効果　29
前節　2, 24, 58, 61
ゾエア幼生　9
属　1
底節　2

た 行

代替交尾　17
タイムコード　22, 28
戦い　xii, xiv, xv , 7, 36, 40
脱石灰化　6
タッピング　x, xiii
地下交尾　6, 13 - 17
チャーク　56
聴覚　58
長節　2, 58
直進捕食　44, 45
つがい相手探索　6, 9
つがい形成　12, 15, 35
つかみ合い（戦い）　xii, xiv, 36, 38, 61
底質　3
定住雄　xii, 15, 36 - 39, 59, 60
定住雌　xv, 12, 17, 39
適応度　26
敵対行動　36, 41
闘争　41, 42, 61
同調　29
ドラミング（クモ）　27
ドラミング（シオマネキ）　57
トリの模型　45, 46, 50, 54
泥だし　iii
泥の構築物　xvi

は 行

バースの器官　58

排水　v, 4
はさみ入れ　xiii, 36
はさみ脚　2
はさみ先端の高さ　22 - 26, 32
はさみの左右性　38
はさみの挟む力　39, 61
はさみの向け合い　xi, 36
パスマップ　54
発音　57 - 59
早足　41, 42
繁殖サイクル　6, 7, 24, 35, 53, 54
ハンディキャップ説　25, 26
膝を曲げるおじぎ　23
表面交尾　x, 6, 10, 16, 17, 39
ピラー　52, 54 - 56
フード　52 - 56
腹肢　7
父性　16, 17
不動指　24, 39
不妊化　13
浮遊生活　7, 9
分類　1
ペレット　iv, 4
抱卵　7
抱卵期間　7, 35
抱卵雌　14
放浪雄　xii, xiii, 36 - 38, 60
放浪雌　xv, 9, 10, 12, 15, 17, 19, 39, 52
歩脚　iv, v, 2, 40, 58
捕食圧　51
捕食回避　44, 46, 48, 55
捕食刺激（人為的）　46 - 48
捕食者情報　48
捕食者の接近（人為的）　49, 50
捕食者の発見　48
捕食成功率　45
捕食のリスク　7, 10, 16, 17, 44, 51, 54
捕食率　44

ま 行

マングローブ　xvi, 1, 62, 64
メガロパ　9
雌穴　3, 4
雌選択　27, 28, 32, 33, 57
雌の生殖口　6
雌を招くウエービング　vii, 10 - 12, 41

モデルフード　53, 54, 56

や　行

野外実習　63
幼カニ　9
幼生　7, 9
幼生分散　33
幼生放出　7, 33, 35

ら　行

ラクテート　40
ラクテート濃度　40 - 42
ラッピング　57
卵巣　18, 20
リーダーシップ　32
ロボット　29 - 31

わ　行

ワイン　56
椀節　2, 61

英文索引

ATP　40
background waving　10
Barth' organ　58
chuck　56
courtship waving　10
curtsy　23
dash-out-back　14
deception　60
digging　36
directing　15
drumming　57
female first　14
flat　xii, 36
flick　37
grappling　36
herding　15
hetero-clawed　37
homo-clawed　37
hood　52
JPEG　22
lateral　6, 10, 11, 37
major-manus-drum　57
male first　13
mud ball　iii
mutual assessment　37
overhead　6
palm　58
palm-leg-rub　58
photoshop　22
pillar　52
pushing　36
rapping　57
RHP　37
semi-dome　52
sensory bias　55
stridulation　58
synchronous　29
tapping　37
trotting　41
vertical　6, 37
whine　56

生物名索引

アシハラガニ 58
アルバートコトドリ 27
イトヨ 20, 27
インドクジャク 27
オキナワハクセンシオマネキ xvi, xviii, xxi, 4, 7, 9, 10, 14, 15, 28, 30 - 32, 35, 36, 38 - 40, 46, 51, 58, 61
オナガクロムクドリモドキ 10, 44, 45, 51
コウロコフウチョウ 27
コメツキガニ xvii, 14, 16
コモリグモ科 27
シオマネキ属 1
スナガニ 58
タイワンアシハラガニ 58
チゴガニ xvii
チュウシャクシギ 44
ツノメガニ 58
ツバメ 26, 43
トゥンガラガエル 56
ニセカイダニ 55
ハクセンシオマネキ xviii, 4, 9, 14, 15, 17, 51, 53, 58
ハジロオオシギ 44
ヒメアシハラガニ 58
ヒメシオマネキ xviii, 15
ヤマトオサガニ xvii

学名索引

Gasterosteus aculeatus 20
genus *Uca* 1
Hirundo rustica 26, 42
Hygrolycosa rubrofasciata 27
Neumania papillator 55
Pagurus bernhardus 42
Physalaemus pustulosus 56
Quiscalus mexicanus 44
Scopimera globosa 14
subgenus *Afruca* 1
subgenus *Amphiuca* 2
subgenus *Australuca* 2, 6
subgenus *Boboruca* 2
subgenus *Celuca* 1, 6
subgenus *Deltuca* 2, 6
subgenus *Minuca* 2, 6
subgenus *Thalassuca* 2
subgenus *Uca* 1, 6
Uca annulipes xviii, 30, 32, 33, 59
U. batuenta xvii
U. beebei xviii, 9, 44, 45, 54 - 56
U. crenulata xviii, 33
U. deichmanni 15
U. lactea xviii, 9, 35, 53, 58
U. mjoebergi xviii, 16, 29, 32, 35, 37, 50, 60
U. paradussumieri 15
U. perplexa xvi, xviii, 9, 30, 32, 35, 36, 58
U. princeps 44
U. pugilator xviii, 5, 33, 43, 49, 57
U. rapax 3
U. saltitanta 30, 32
U. stenodactylus 15, 44, 55
U. tangeri xvii, 43
U. terpsichores xvi, xviii, 9, 52 - 54, 57, 58
U. vocans xviii, 15
U. vomeris xviii, 7, 15, 38
Xiphophorus montezumae 42

■ 著者紹介

村井 実（むらい　みのる）農学博士
　　　1941年　大阪市に生まれる
　　　1972年　京都大学大学院博士課程単位取得退学
　　　1978年　九州大学理学部助教授
　　　1995年　琉球大学熱帯生物圏研究センター教授
　　　2007年　琉球大学名誉教授
　　　専　門　動物行動学
　　　主な著書
　　　　　　『動物生態学研究法』（上下，共著，古今書院）
　　　　　　『動物たちの気になる行動 (2) 恋愛・コミュニケーション篇』
　　　　　　　（分担執筆，裳華房）ほか

シオマネキ―求愛とファイティング
2011年7月20日　初　版　発　行

著　者　　村井実

発行者　　本間喜一郎

発行所　　株式会社 海游舎
　　　　　〒151-0061 東京都渋谷区初台 1 - 23 - 6 - 110
　　　　　　電話 03 (3375) 8567　FAX 03 (3375) 0922

印刷・製本　凸版印刷（株）

© 村井 実 2011

本書の内容の一部あるいは全部を無断で複写複製すること
は，著作権および出版権の侵害となることがありますので
ご注意ください。

ISBN978-4-905930-15-0　　PRINTED IN JAPAN